中国绿色低碳环境修复发展报告
（2023年）

董璟琦　孟　豪　张今英　邓璟菲　张红振　等 / 编著

中国环境出版集团·北京

图书在版编目（CIP）数据

中国绿色低碳环境修复发展报告. 2023年 /董璟琦等编著. -- 北京：中国环境出版集团, 2024.4
ISBN 978-7-5111-5843-7

Ⅰ. ①中… Ⅱ. ①董… Ⅲ. ①生态恢复－研究报告－中国－2023 Ⅳ. ①X171.4

中国国家版本馆CIP数据核字(2024)第076679号

责任编辑 易 萌
装帧设计 彭 杉

出版发行 中国环境出版集团
（100062 北京市东城区广渠门内大街16号）
网　　址：http://www.cesp.com.cn
电子邮箱：bjgl@cesp.com.cn
联系电话：010-67112765（编辑管理部）
010-67112739（第三分社）
发行热线：010-67125803 010-67113405（传真）
印　　刷 北京建宏印刷有限公司
经　　销 各地新华书店
版　　次 2024年4月第1版
印　　次 2024年4月第1次印刷
开　　本 787×1092 1/16
印　　张 11.75
字　　数 200千字
定　　价 60.00元

编写组

顾问专家组

王金南　中国工程院院士，生态环境部环境规划院名誉院长

朱利中　中国工程院院士，浙江大学教授

苏克敬　生态环境部土壤生态环境司原司长

技术指导组

陆　军　生态环境部环境规划院 院长

骆永明　中国科学院南京土壤研究所 研究员

胡　清　南方科技大学 教授

张天柱　清华大学 教授

何　军　生态环境部环境规划院 副院长

刘晓文　生态环境部华南环境科学研究所 副所长

陈卫平　中国科学院生态环境研究中心 研究员

王夏晖　生态环境部环境规划院 副总工

蒋洪强　生态环境部环境规划院 副总工

李长利　北京城市副中心绿色发展研究院 理事长

Kirkwood Niall Professor, Harvard University, US

Piet Seuntjens Professor, Flemish Institute for Technological Research (VITO), BE

Maksimovic Cedo Professor, Imperial College London, UK

Frank Van Woerden Senior Engineer, World Bank

Liping Weng Professor, Wageningen University, NL

Chunlong Zhang Professor, University of Houston-Clear Lake, US

报告编制组

董璟琦　生态环境部环境规划院 高级工程师

孟　豪　生态环境部环境规划院 助理研究员

张今英　生态环境部环境规划院 助理研究员

邓璟菲　生态环境部环境规划院 助理研究员

张红振　生态环境部环境规划院 主任 / 研究员

王一鹏　生态环境部环境规划院 助理研究员

韩　颖　生态环境部环境规划院 助理研究员

苗秋慈　生态环境部环境规划院 博士

郑晓笛　清华大学 副教授

何雄辉　广州工控环保科技有限公司 董事长

叶　渊　森特士兴环保科技有限公司 董事长

曹嘉萌　森特士兴环保科技有限公司 工程师

魏　国　北京城市副中心绿色发展研究院 院长

史会剑　山东省土壤污染防治中心 正高级工程师

杨成良　天津渤化环境修复股份有限公司 董事长

邱成浩　无锡市梁溪科技城环保工程有限公司 总经理

白粒盟　中国水利水电第九工程局有限公司 高级工程师

阳海云　中国水利水电第九工程局有限公司 高级政工师

何　流　东华工程科技股份有限公司 高级工程师

梅丹兵　生态环境部环境规划院 助理研究员

刘瑞平　生态环境部环境规划院 助理研究员

黄　悦　生态环境部环境规划院 助理研究员

朱汉青　森特士兴环保科技有限公司 经理

张文超　广州工控环保科技有限公司 总经理

高菁阳　南科大工程技术创新中心（北京）上海事业部 所长 / 工程师
陈　成　南科大工程技术创新中心（北京）上海事业部 助理所长 / 工程师
肖　萌　北京师范大学 硕士生
桑春晖　北京师范大学 硕士生
孙一豪　清华大学 博士生
王明睿　清华大学 博士生
朱敬源　清华大学 博士生
高　原　中华环保联合会固危废及土壤污染治理专业委员会 秘书长
孙世玉　中华环保联合会固危废及土壤污染治理专业委员会 工程师
毕树礼　世界绿色设计组织 总干事助理
冯晓瑞　世界绿色设计组织绿研院 高级研究员

其他参与报告编制指导和提供支持的单位

国内机构：南方科技大学、北京师范大学、山东省土壤污染防治中心、中国科学院生态环境研究中心、中国水利水电第九工程局有限公司、天津渤化环境修复股份有限公司、东华工程科技股份有限公司、山东博汇集团有限公司

国际机构：世界银行、比利时法兰德斯技术研究院 (VITO)、英国帝国理工大学、美国哈佛大学、荷兰瓦赫宁根大学

发布机构：中华环保联合会、世界绿色设计组织

资助单位：森特士兴环保科技有限公司、广州工控环保科技有限公司

PREAMBLE

执行摘要

党的十八大以来，我国以前所未有的力度推动生态文明建设，实施了一系列环境治理、应对气候变化的战略措施，绿色低碳发展方面已取得积极成效。《中国绿色低碳环境修复发展报告（2023 年）》（以下简称《报告》）通过系统梳理我国在相关政策、工程、技术、研发和市场等方面的情况，全面深入地分析了中国在环境修复领域的进展、挑战与前景，为我国绿色低碳环境修复发展提供了重要依据与参考。

《报告》的编制工作由生态环境部环境规划院、清华大学、森特士兴环保科技有限公司、北京城市副中心绿色发展研究院联合开展，并设立报告顾问团队、专家团队和技术团队。2023 年 10 月，生态环境部环境规划院组织召开《报告》编制大纲专家咨询会，并按照专家意见优化调整。2023 年 11 月，生态环境部环境规划院组织启动《报告》编制工作，邀请国内相关领域专家学者成立顾问专家组和技术指导组，多次组织召开内部沟通和调度协调会，并积极开展资料收集、信息获取、数据分析、报告编制工作。2024 年 1 月，初步完成《报告》（草稿）的编制，并开展阶段性工作汇报，根据相关意见，技术团队内部组织 10 余次沟通调度会议，并对《报告》（草稿）进行修改完善。2024 年 2 月底，形成《报告》（征求意见稿）并征求意见。2024 年 3 月 28 日，中华环保联合会和世界绿色设计组织共同组织召开《报告》专家评审会，编制组按照专家意见修改完善，于 2024 年 4 月初形成《报告》（发布稿）。《报告》中涉及的环境修复主要以我国污染土壤风险管控和修复为主，统筹兼顾矿山修复、流域修复以及其他领域修复情况，并涉及在产企业源头管控、地下水风险管控的相关进展。

一、背景与差异

国际上已经全面进入绿色可持续修复新时代。全球环境修复产业经过 40 年的发展已逐步成熟，产业规模已达数亿美元，部分发达国家已先后进入了后修复时代，具备多元且健全的资金保障体系，技术装备和材料施工等相对成熟，责任体系和赔偿机制等相对健全，具有灵活的激励机制和公众参与机制。国际上绿色可持续修复先后经历了 4 个阶段，即 1990 年以前，严格按照背景或基准彻底清除污染；1990—2000 年，基于矫正健康风险可接受水平修复；2000—2010 年，节能减排绿色可持续修复时期；2010 年至今，适应气候变化的可持续和韧性修复时期。当前，发达国家已经过渡到绿色可持续修复新阶段，即应对气候变化的韧性与弹性修复、减缓气候变化的绿色低碳协同修复、污染修复与生态恢复整体推进等策略阶段。

整体上，中国绿色低碳环境修复与发达国家有显著差异。除在矿山、流域、土壤、海岸带修复等传统领域以外，我国还针对在产企业源头管控、工业地块、地下水管控等方面进行了深入探索与实践，为我国发展绿色低碳环境修复打下了较好的基础。近年来，《中共中央　国务院关于全面推进美丽中国建设的意见》《减污降碳协同增效实施方案》等宏观政策为绿色低碳环境修复发展提供了坚实支撑，科技研发为绿色低碳环境修复发展提供了基础保障，尤其是生态环境部土壤生态环境司统筹组织的全国科技团队技术帮扶为国内绿色低碳环境修复落地提供了重要和及时的促进条件，全民意识提升为绿色低碳环境修复推广提供了生长环境。与此同时，我国全球系统生态复原（GSR）发展依然面临诸多挑战障碍和压力困难，如我国环境修复产业的发展不充分、不完整、不平衡，特别是在科技创新方面的短板尤为明显，相关政策的支持和保障机制还需进一步加强。

二、年度总体进展情况

近年来，国内宏观政策为绿色低碳环境修复发展释放了重大红利。《中华人民共和国土壤污染防治法》（以下简称《土壤污染防治法》）《土壤污染防治行动计划》《关于促进土壤污染风险管控和绿色低碳环境修复的指导意见》一脉相承，覆盖从党中央、国务院到生态环境部门的全面部署，以及政策在各级政府的有效落地。环境修复行业绿色低碳化转型管理正在稳步推进，从环境修复工程被纳入生态环境保护督察到强化现场执法，从二次污染防治到防止过度修复，从土壤工厂建设到水土共治、景观提升等，多元管理模式的探索已取得积极进展。绿色低碳环境修复的标准体系逐步启动，从通则到评估，再到工程实践，尤其是强化二次污染防治等领域，正处于快速引进、消化、再吸收的有序发展阶段。国内倡导的"不搞大修复，不搞大开发，优先风险管控"等理念，已有一批成功探索模式和典型案例，国内已经普遍形成了鼓励绿色低碳环境修复和风险管控的社会氛围。

2023年，中国把科技创新作为促进修复产业绿色低碳发展的第一动力作用已经初步展现。生态环境部等相关部委聚焦风险管控和绿色低碳环境修复中的关键问题，加快环境友好型管控修复材料、低排放和低能耗的新型管控修复装备科技攻关。国内绿色低碳环境修复技术研发应用得到较快发展。原位或生态环境修复技术占比逐年增加，环境修复技术趋向智能精准高效，绿色低碳环境修复理念传播高效迅速，环境修复的碳足迹呈逐年下降趋势，环境修复领域咨询服务比重提升，绿色低碳环境修复技术的推广示范已进行初步探索。改进修复模式，如水土共治、修复+开发模式、源头管控+景观提升模式、修复工厂模式等；创新修复材料，如基于生物炭的环境修复等；研发修复装备，如研发和应用了智能化原位燃气热脱附等绿色低碳核心技术装备等。

“十四五”时期，中国的绿色低碳环境修复工程示范和技术推广已有相当起色。在工程领域，我国分类开展了工程应用模式探索，包括风险管控和拓展生态空间的示范，如信阳农药厂案例；风险管控和修复改革试点，如杭钢半山基地案例；生态景观提升的应用示范，如东方化工厂案例等。推广了一批先进技术示范案例，形成了核心绿色低碳技术示范，如智能精准高效注射修复技术、场地修复异味高效去除技术；大型复杂场地技术示范，如大型复杂场地绿色修复与风险管控、废弃矿井深层精准低碳修复；流域和景观技术示范，如流域尺度可持续风险管控技术、棕地再生与景观设计耦合技术。国内修复工程年均修复碳排放量整体呈增长状态，随着修复技术的改进和修复管理水平的提升，经初步核算，全国修复碳排放强度总体呈波动但具有明显下降趋势。

现阶段，绿色低碳环境修复在定量评估和地方试点探索方面仍处于早期状态。在我国，绿色低碳评估正处于萌芽阶段。评估指标体系和方法尚在探索，评估工具仍在开发，基础数据库还未建立，评估类技术标准不够完善，以上因素制约了评估的科学性和准确性。修复技术碳足迹整体呈异位修复技术碳足迹高于原位修复和风险管控的趋势。推进绿色低碳评估试点，应遵循科学性、实用性和适宜性原则，结合地方条件和积极性综合筛选试点地区，优选钢铁、焦化、化工、农药、有色金属冶炼、电镀等重点行业地块，积极探索绿色低碳环境修复的评估方法、决策工具和实践经验，积累绿色低碳环境修复的可推广、可复制模式。

三、报告结论、问题和建议

结论一：近年来实践表明，绿色低碳环境修复在国内已有较快发展，但国内外差异较大，中国在全面推进绿色低碳环境修复方面具有迫切需求且相对发达国家的修复产业具有的后发优势。推动绿色低碳环境修复是落实我国土壤污染防治系列政策的重要支撑，也是推动土壤环境治理和风险管控现代化的重要基础，更是实现我国土壤环境管理和修复产业创新发展弯道超车的历史机遇。我国绿色低碳环境修复虽发展快速，但在发展阶段和本土国情方面与国际仍有显著差距，建议通过进一步探索适合国情的管理和制度体系，实现弯道超车。

结论二：国内绿色低碳环境修复健康发展的政策需求、促进机制和发展路径仍需进一步厘清，修复产业绿色低碳持续发展仍需加强政策引导。进一步强化科技研发是促进修复产业绿色低碳发展的第一动力，深入探索景观提升是推动修复产业绿色低碳发展的修复模式和管理机制，明晰修复产业绿色低碳发展是实现弯道超车的核心路径。绿色低碳环境修复不仅是国内的政策需求，也是促进机制和发展路径。政策引导、科技研发、景观提升仍是绿色低碳环境修复发展的关键内核。

问题一：国内绿色低碳环境修复的发展仍处于初期阶段，还存在发展不充分、不平衡、不系统、不完整等问题。在环境修复产业发展的驱动力方面，我国主要以房地产开发驱动或政府主导的修复投入为主，与发达国家的环境责任驱动、土地开发驱动、政府财政投入相平衡的产业发展模式有较大差距。在环境修复产业发展的资金量方面，我国环境修复的资金投入来源单一，规模偏小，土壤修复产值不足全国国内生产总值（GDP）的万分之一，与西方国家在环境修复社会总投资占 GDP 的比例有数量级的差异。在环境修复产业发展的监管方面，我国还处于行政监管为主、政府投资为主、过程监管法规和标准不健全的初期阶段，与发达国家环境诉讼制度健全和环境经济调控政策手段多样相比仍有不足。

问题二：国内绿色低碳环境修复的发展仍存在综合模式、管理制度和持续健康发展的长效机制支撑不足。破解绿色低碳环境修复可持续增长和健康发展的瓶颈，最突出的短板是科技创新，最重要的支撑是强化监管，最核心的措施是政策引导，最关键的瓶颈是资金不足。我国环境修复高端技术、装备及材料稀缺，研发创新力不足，专业装备普及率不高，且较多依赖进口；过程监管存在缺失与不足，制度和标准尚不健全，部门协同治理水平有待提升；我国环境经济调控政策手段缺乏多样性，社会资本尚未有效调用，政策引导需进一步加强；当前我国环境修复的资金投入来源单一，规模偏小，各部门主管领域的环境修复工程规模和资金投入差别较大，不同部门和地区之间在环境修复投入上存在显著差异，土壤环境修复的总产值远低于全国 GDP 的千分之一，与发达国家相比存在较大的差距。

发展建议一：确保行业稳定发展的建议，稳步扩大绿色低碳环境修复产业产值规模，逐渐平衡绿色低碳环境修复产业产值合理比重。针对传统环境污染治理、大型复杂污染场地、新污染物治理、多介质异味防控等问题导向和管理需求，不断提升行业间协同性、整体性、系统性，提高环境修复项目类型、数量与质量，从而稳步扩大环境修复产业的产值规模。同时，完善监管政策，拓宽资金渠道，创新技术应用模式。通过政策引导和市场调控，合理分配资源，逐渐平衡环境修复产值合理比重。

发展建议二：促进产业健康发展的建议，探索创新绿色低碳环境修复产业经济政策，逐步拓展环境修复产业资金渠道。用好绿色低碳环境修复产业资金支持政策，通过政策支持，促进产业链上下游的协同发展，形成产业生态圈。探索多元资金模式，采用激励措施，如税收减免、财政补贴、绿色信贷、产权分配、成立环境修复基金等，丰富绿色低碳环境修复项目的资金来源，积极吸引社会资本、国际资金进入环境修复领域，实现修复成本效益最优，不断推动绿色低碳环境修复产业高水平发展。

发展建议三：探索机制创新模式的建议，积极健全绿色低碳环境修复管理政策，创新发展绿色低碳环境修复技术模式。加强政策引领和先行示范。摸索绿色低碳环境修复管理新模式，加快建立绿色低碳环境修复领域的实施细则与标准规范，增强绿色低碳环境修复实践指导。鼓励跨学科、跨领域的技术创新与合作，探索适合国情的环境修复技术模式、修复装备，以及评估体系等，增强绿色低碳环境修复评估的科学性和可行性，有效推动我国环境修复产业绿色低碳发展。

本书出版得到了以下国家重点研发计划项目的支持：

① 场地修复碳排放测算理论与评估技术框架（2022YFC3703301）

② 渗透地层原位增渗协同修复技术与工艺（2020YFC1808104）

③ 移动式场地污染快速检测与处置技术及其装备（2022YFC3702500）

④ 场地土壤重金属现场智能检测设备集成与实时评估预警系统研发（2022YFC3700805）

CONTENTS

目录

1

绿色低碳环境修复政策法规年度进展

Green and low-carbon environmental remediation
Annual progress of policies and regulations

近年来，国家对绿色低碳发展越发重视与倡导。2020年9月，习近平主席在第七十五届联合国大会一般性辩论上正式提出中国将提高国家自主贡献力度，采取更加有力的政策和措施，二氧化碳排放力争于2030年前达到峰值，努力争取2060年前实现碳中和。2021年9月，《中共中央　国务院关于完整准确全面贯彻新发展理念做好碳达峰碳中和工作的意见》提出“把节约能源资源放在首位，实行全面节约战略，持续降低单位产出能源资源消耗和碳排放，提高投入产出效率，倡导简约适度、绿色低碳生活方式，从源头和入口形成有效的碳排放控制阀门”。2022年10月，习近平总书记在中国共产党第二十次全国代表大会上的报告中提出“中国式现代化是人与自然和谐共生的现代化。人与自然是生命共同体，无止境地向自然索取甚至破坏自然必然会遭到大自然的报复。我们坚持可持续发展，坚持节约优先、保护优先、自然恢复为主的方针”，指明了绿色低碳治理的战略方向。2023年12月，《中共中央　国务院关于全面推进美丽中国建设的意见》提出“大力推动经济社会发展绿色化、低碳化，加快能源、工业、交通运输、城乡建设、农业等领域绿色低碳转型，加强绿色科技创新，增强美丽中国建设的内生动力、创新活力”“因地制宜开展内源污染治理和生态修复，基本消除城乡黑臭水体并形成长效机制”，明确“到2027年，绿色低碳发展深入推进，主要污染物排放总量持续减少，生态环境质量持续提升”的主要目标，明确了美丽中国建设背景下的绿色低碳治理方向和目标。

1.1 生态环境领域低碳政策进展

中央和地方及各行各业均出台了推动和促进绿色低碳发展的相关政策、规划、标准等，此外，也针对性地提出了减污降碳协同增效的要求。生态环境领域低碳政策进展框架见表1-1。

表 1-1　生态环境领域低碳政策进展框架

领域划分	政策文件类型	时间 / 行业	政策文件 / 会议精神
绿色低碳社会发展领域	中央政策	2021 年	《国务院关于加快建立健全绿色低碳循环发展经济体系的指导意见》 《中华人民共和国国民经济和社会发展第十四个五年规划和 2035 年远景目标纲要》 《中共中央　国务院关于完整准确全面贯彻新发展理念做好碳达峰碳中和工作的意见》 《2030 年前碳达峰行动方案》 《国务院办公厅关于鼓励和支持社会资本参与生态保护修复的意见》
		2022 年	《高举中国特色社会主义伟大旗帜为全面建设社会主义现代化国家而团结奋斗——在中国共产党第二十次全国代表大会上的报告》
		2023 年	《新时代的中国绿色发展》 《中共中央　国务院关于全面推进美丽中国建设的意见》
		2024 年	《碳排放权交易管理暂行条例》
	地方政策	2021—2023 年	河北、内蒙古、吉林、黑龙江、上海、江苏、浙江、江西、湖南、广东、广西、重庆、四川、甘肃等地发布关于完整准确全面贯彻新发展理念做好碳达峰碳中和工作的实施意见
		2022—2023 年	北京、天津、河北、山西、内蒙古、辽宁、吉林、黑龙江、上海、江苏、安徽、江西、山东、河南、湖南、广东、广西、海南、四川、贵州、云南、陕西、甘肃、青海、宁夏等地印发省级碳达峰实施方案
		2021 年	《浙江省碳达峰碳中和科技创新行动方案》 《江西省林业碳汇开发及交易管理办法（试行）》 《天津市碳达峰碳中和促进条例》 《广东省人民政府关于加快建立健全绿色低碳循环发展经济体系的实施意见》 《河南省“十四五”现代能源体系和碳达峰碳中和规划》
		2022 年	《成渝地区双城经济圈碳达峰碳中和联合行动方案》 《广东省碳普惠交易管理办法》 《广东省应对气候变化“十四五”专项规划》 《山东省人民政府办公厅关于推动城乡建设绿色发展若干措施的通知》 《碳达峰碳中和税费优惠政策指引》 《碳达峰碳中和税费征收政策指引》
		2023 年	《山东省建设绿色低碳高质量发展先行区三年行动计划（2023—2025 年）》 《江西省低碳零碳负碳示范工程实施方案》 《浙江省绿色低碳转型促进条例（草案）》

领域划分	政策文件类型	时间/行业	政策文件/会议精神
绿色低碳社会发展领域	行业政策	市场科技	《关于进一步完善市场导向的绿色技术创新体系实施方案（2023—2025年）》 《碳达峰碳中和标准体系建设指南》 《绿色低碳先进技术示范工程实施方案》 《国家碳达峰试点建设方案》
		农业农村	《“十四五”全国农业绿色发展规划》 《“十四五”推进农业农村现代化规划》 《加快农村能源转型发展助力乡村振兴的实施意见》 《农业农村减排固碳实施方案》 《中共中央　国务院关于做好2023年全面推进乡村振兴重点工作的意见》
		生态环境	《生态系统碳汇能力巩固提升实施方案》 全国生态环境保护大会（2023）会议精神 《温室气体自愿减排交易管理办法（试行）》
		其他	《绿色低碳发展国民教育体系建设实施方案》 《信息通信行业绿色低碳发展行动计划（2022—2025年）》
减污降碳协同减排领域	—	2021年	《中共中央　国务院关于深入打好污染防治攻坚战的意见》
		2022年	《减污降碳协同增效实施方案》
		2023年	《关于推进污水处理减污降碳协同增效的实施意见》

1.1.1　绿色低碳社会发展领域政策进展

（1）中央关于绿色低碳的政策

2021年2月，国务院印发《国务院关于加快建立健全绿色低碳循环发展经济体系的指导意见》（国发〔2021〕4号），明确要使发展建立在高效利用资源、严格保护生态环境、有效控制温室气体排放的基础上，统筹推进高质量发展和高水平保护，建立健全绿色低碳循环发展的经济体系，确保实现碳达峰、碳中和目标，推动我国绿色发展迈上新台阶。2021年3月，《中华人民共和国国民经济和社会发展第十四个五年规划和2035年远景目标纲要》中提到2035年的远景目标之一：广泛形成绿色生产生活方式，碳排放达峰后稳中有降，生态环境根本好转，美丽中国建设目标基本实现。“十四五”时期经济社会发展主要目标之一：生态文明建设实现新进步，生产生活方式绿色转型成效显著，能源资源配置更加合理、利用效率大幅提高，单位国内生产总值能源消耗和二氧化碳排放分别降低 13.5%、18%，主要污染物排放总量持续减少。2021 年 9 月，《中共中央　国务院关于完整准确全面贯彻新发展理念做好碳达峰碳中和工作的意见》提出把节约能源资源放在首位，实行全面节约战略，持续降低单位产出能源资源消耗和碳排放，提高投入产出效率，倡导简约适度、绿色低碳生活方式，从源头和入口形成有效的碳排放控制阀门。2021 年 10 月，《国务院关于印发 2030 年前碳达峰行动方案的通知》（国发〔2021〕23 号），提出引导企业主动适应绿色低碳发展要求，强化环境责任意识，加强能源资源节约，提升绿色创新水平。2021 年 11 月，《国务院办公厅关于鼓励和支持社会资本参与生态保护修复的意见》（国办发〔2021〕40 号）提出遵循自然规律，统筹自然生态各要素，以自然恢复为主，辅以必要的人工措施，增强各项举措的关联性和耦合性，推进山水林田湖草沙整体保护、系统修复、综合治理，提升生态系统质量和稳定性。

2022 年 10 月，习近平总书记在中国共产党第二十次全国代表大会上的报告中提出，中国式现代化是人与自然和谐共生的现代化。人与自然是生命共同体，无止境地向自然索取甚至破坏自然必然会遭到大自然的报复。我们坚持可持续发展，坚持节约优先、保护优先、自然恢复为主的方针。

2023 年 1 月，国务院新闻办公室发布《新时代的中国绿色发展》白皮书，全面介绍新时代中国绿色发展理念、实践与成效，分享中国绿色发展经验。

2023 年 12 月，《中共中央　国务院关于全面推进美丽中国建设的意见》提出“大力推动经济社会发展绿色化、低碳化，加快能源、工业、交通运输、城乡建设、农业等领域绿色低碳转型，加强绿色科技创新，增强美丽中国建设的内生动力、创新活力”“因地制宜开展内源污染治理和生态修复，基本消除城乡黑臭水体并形成长效机制”，明确“到 2027 年，绿色低碳发展深入推进，主要污染物排放总量持续减少，生态环境质量持续提升”的主要目标。

2024 年 1 月 5 日，为了规范碳排放权交易及相关活动，加强对温室气体排放的控制，积极稳妥推进碳达峰碳中和，促进经济社会绿色低碳发展，推进生态文明建设，《碳排放权交易管理暂行条例》（中华人民共和国国务院令　第 775 号）经国务院第 23 次常务会议通过，自 2024 年 5 月 1 日起施行。

（2）各省（区、市）关于绿色低碳的政策

河北、内蒙古、吉林、黑龙江、上海、江苏、浙江、江西、湖南、广东、广西、重庆、四川、甘肃等地发布关于完整准确全面贯彻新发展理念做好碳达峰碳中和工作的实施意见。北京、天津、河北、山西、内蒙古、辽宁、吉林、黑龙江、上海、江苏、安徽、江西、山东、河南、湖南、广东、广西、海南、四川、贵州、云南、陕西、甘肃、青海、宁夏等地印发省级碳达峰实施方案。

2021 年 6 月，浙江省委科技强省建设领导小组印发《浙江省碳达峰碳中和科技创新行动方案》（详见省科领〔2021〕1 号），江西省生态环境厅印发《江西省林业碳汇开发及交易管理办法（试行）》。2021 年 11 月，《天津市碳达峰碳中和促进条例》实施。2021 年 12 月，广东省人民政府印发《广东省人民政府关于加快建立健全绿色低碳循环发展经济体系的实施意见》（粤府〔2021〕81 号），河南省发布《河南省“十四五”现代能源体系和碳达峰碳中和规划》（详见豫政〔2021〕58 号）。

2022 年 2 月，重庆市人民政府、四川省人民政府办公厅印发《成渝地区双城经济圈碳达峰碳中和联合行动方案》（渝府办发〔2022〕22 号）。2022年 4 月，广东省生态环境厅印发《广东省碳普惠交易管理办法》（详见粤环发〔2022〕4 号），同年 7 月，印发《广东省应对气候变化“十四五”专项规划》（详见粤环涵〔2022〕410 号）。2022 年 5 月，山东省人民政府办公厅印发《山东省人民政府办公厅关于推动城乡建设绿色发展若干措施的通知》（鲁政办发〔2022〕7 号）。2022 年 7 月，黑龙江省税务局发布《碳达峰碳中和税费优惠政策指引》和《碳达峰碳中和税费征收政策指引》。

2023 年 1 月，山东省委、省政府印发《山东省建设绿色低碳高质量发展先行区三年行动计划（2023—2025 年）》。2023 年 10 月，江西省发展改革委印发《江西省低碳零碳负碳示范工程实施方案》。2023 年 11 月，浙江省发布《浙江省绿色低碳转型促进条例（草案）》，公开征求意见。

（3）各行业关于绿色低碳的政策

2022 年 12 月，国家发展改革委、科技部印发《关于进一步完善市场导向的绿色技术创新体系实施方案（2023—2025 年）》（发改环资〔2022〕1885 号）。2023 年 4 月，国家标准委等十一部门联合发布《碳达峰碳中和标准体系建设指南》。2023 年 8 月，国家发展改革委、科技部、工业和信息化部等联合印发《绿色低碳先进技术示范工程实施方案》（详见发改环资〔2023〕1093 号）。2023 年 10 月，国家发展改革委印发《国家碳达峰试点建设方案》（详见发改环资〔2023〕1409号）。

2021年8月，农业农村部、国家发展改革委等部门印发的《“十四五”全国农业绿色发展规划》（详见农规发〔2021〕8号）提出“到2025年，农业绿色发展全面推进，制度体系和工作机制基本健全，科技支撑和政策保障更加有力，农村生产生活方式绿色转型取得明显进展”的发展目标，提出开展农业绿色发展综合试点、开展农业绿色发展长期固定观测等任务。

2021年11月，国务院印发的《“十四五”推进农业农村现代化规划》（详见国发〔2021〕25号）提出“促进农业农村可持续发展。牢固树立绿水青山就是金山银山理念，遵循农业生产规律，注重地域特色，推进农业绿色发展，加强农村生态文明建设，加快形成绿色低碳生产生活方式，走资源节约、环境友好的可持续发展道路”的战略导向。2021年12月，国家能源局、农业农村部、国家乡村振兴局印发《加快农村能源转型发展助力乡村振兴的实施意见》（详见国能发规划〔2021〕66号）。2022年5月，农业农村部、国家发展改革委印发《农业农村减排固碳实施方案》。2022年10月，教育部印发《绿色低碳发展国民教育体系建设实施方案》。2022年8月，工业和信息化部等部门印发《信息通信行业绿色低碳发展行动计划（2022—2025年）》。2023年1月，《中共中央　国务院关于做好2023年全面推进乡村振兴重点工作的意见》提出推进农业绿色发展，推进农业绿色发展先行区和观测试验基地建设。

2023年4月，自然资源部、国家发展改革委、财政部、国家林业和草原局联合印发《生态系统碳汇能力巩固提升实施方案》。2023年7月召开的全国生态环境保护大会，提出我国经济社会发展已进入加快绿色化、低碳化的高质量发展阶段，要着力构建绿色低碳循环经济体系，要加快推动发展方式绿色低碳转型，坚持把绿色低碳发展作为解决生态环境问题的治本之策。2023年10月，《温室气体自愿减排交易管理办法（试行）》（生态环境部　市场监管总局令　第31号）公布施行。

1.1.2　减污降碳协同减排领域政策进展

2021年11月，《中共中央　国务院关于深入打好污染防治攻坚战的意见》（以下简称《意见》）中以实现减污降碳协同增效为总抓手，明确“十四五”期间污染防治攻坚战的工作原则之一是保持战略定力，坚定不移走生态优先、绿色发展之路，巩固拓展“十三五”时期污染防治攻坚成果，继续打好一批标志性战役，接续攻坚、久久为功。到2035年广泛形成绿色生产生活方式，碳排放达峰后稳中有降，生态环境根本好转，美丽中国建设目标基本实现。《意见》围绕加快推动绿色低碳发展提出了深入推进碳达峰行动、聚焦国家重大战略打造绿色发展高地、推动能源清洁低碳转型、坚决遏制高耗能高排放项目盲目发展、推进清洁生产和能源资源节约高效利用、加强生态环境分区管控、加强生态环境分区管控、加快形成绿色低碳生活方式等任务。《意见》中提出“从严管控农药、化工等行业的重度污染地块规划用途，确需开发利用的，鼓励用于拓展生态空间”，减少低成本效益修复所带来的影响。

2022年6月，生态环境部、国家发展改革委等部门联合印发《减污降碳协同增效实施方案》（详见环综合〔2022〕42号），深入贯彻落实党中央、国务院关于碳达峰碳中和决策部署，落实新发展阶段生态文明建设有关要求，协同推进减污降碳，实现一体谋划、一体部署、一体推进、一体考核。提出优先采用基于自然的解决方案，加强技术研发应用，强化多污染物与温室气体协同控制，增强污染防治与碳排放治理的协调性。鼓励绿色低碳环境修复，优化土壤污染风险管控和修复技术路线，注重节能降耗。

2023年12月，国家发展改革委、住房和城乡建设部、生态环境部联合发布《关于推进污水处理减污降碳协同增效的实施意见》（发改环资〔2023〕1714号），深入贯彻习近平生态文明思想，落实全国生态环境保护大会要求，推动污水处理减污降碳协同增效。

1.2 绿色低碳环境修复法规政策进展

绿色低碳环境修复是《土壤污染防治法》等法律法规的内在要求，是《中共中央 国务院关于完整准确全面贯彻新发展理念做好碳达峰碳中和工作的意见》等碳达峰、碳中和相关政策规划的基本要求，是修复行业高质量可持续发展的推动方向，是“十四五”时期我国土壤污染防治工作的重要抓手。

1.2.1 《土壤污染防治法》及配套实施文件关于绿色低碳环境修复的要求

2016年，国务院印发《土壤污染防治行动计划》（详见国发〔2016〕31

号），要求牢固树立创新、协调、绿色、开放、共享的新发展理念，着眼经济社会发展全局，以改善土壤环境质量为核心，以保障农产品质量和人居环境安全为出发点，坚持预防为主、保护优先、风险管控，突出重点区域、行业和污染物，实施分类别、分用途、分阶段治理，严控新增污染、逐步减少存量，促进土壤资源永续利用。

2019 年实施的《土壤污染防治法》明确立法目的是推进生态文明建设、促进经济社会可持续发展。提出土壤污染防治应当坚持预防为主、保护优先、分类管理、风险管控、污染担责、公众参与的原则。明确了实施风险管控、修复活动，应当因地制宜、科学合理，提高针对性和有效性，不得对土壤和周边环境造成新的污染，产生的废水、废气和固体废物，应当按照规定进行处理、处置，并达到相关环境保护标准。

其他生态环境相关法律中也有绿色低碳理念，如 2020 年 12 月，《中华人民共和国长江保护法》提出国家对长江流域生态系统实行自然恢复为主、自然恢复与人工修复相结合的系统治理。2023 年 4 月，《中华人民共和国青藏高原生态保护法》提出青藏高原生态保护应当尊重自然、顺应自然、保护自然；坚持生态保护第一，自然恢复为主，守住自然生态安全边界；坚持统筹协调、分类施策、科学防控、系统治理。

1.2.2 绿色低碳环境修复的相关文件

《“十四五”土壤、地下水和农村生态环境保护规划》（2021 年）（详见环土壤〔2021〕120 号）提出合理规划污染地块用途，从严管控农药、化工等行业中的重度污染地块规划用途，确需开发利用的，鼓励用于拓展生态空间。从前端的规划阶段即介入，降低修复及二次污染带来的潜在影响。此外，明确提出鼓励绿色低碳环境修复。

《上海市土壤及地下水污染防治“十四五”规划》（2022 年）（详见沪环土〔2022〕52 号）在提升土壤及地下水环境监管能力方面提出研发土壤及地下水绿色修复材料，提升治理修复过程中的药剂安全性；研发土壤与地下水协同绿色低碳环境修复技术，推动场地治理修复智能化集成装备研发及升级。

《天津市土壤、地下水和农业农村“十四五”生态环境保护规划》（2022 年）（详见津政办发〔2022〕2 号）在强化污染防治科技支撑方面提出鼓励土壤地下水治理修复绿色低碳技术研究示范和产品创新。

除土壤修复和地下水修复外，其他领域相关规划文件中也提倡绿色低碳环境修复。如《“十四五”重点流域水环境综合治理规划》（详见发改地区〔2021〕1933号）的基本原则为生态优先、绿色发展。坚持绿色发展理念，尊重流域治理规律，注重保护与发展的协同性、联动性、整体性，从过度干预、过度利用向节约优先、自然恢复、休养生息转变，以水定城、以水定地、以水定人、以水定产，促进经济社会发展与水资源水环境承载能力相协调，以高水平保护引导推动高质量发展。2022年8月，安徽省自然资源厅印发的《安徽省矿山生态修复工作导则（试行）》（详见皖自然资修〔2022〕9号），提出坚持生态优先、绿色发展的原则。2023年7月，河南省人民代表大会法制委员会发布《河南省露天矿山综合治理和生态修复条例》，提出露天矿山综合治理和生态修复应当坚持科学规划、源头控制，分类管理、系统修复，依法监管、绿色发展和谁开发谁保护、谁破坏谁治理的原则，实现生态、经济、社会效益相统一。

2023年12月，生态环境部发布《关于促进土壤污染风险管控和绿色低碳修复的指导意见》（环办土壤〔2023〕19号）（以下简称《指导意见》），强化土壤污染风险管控和绿色低碳修复理念指引，对全过程土壤污染风险管控和绿色低碳环境修复作出了指导。《指导意见》强调积极推动减污降碳协同增效，坚持问题导向、因地制宜、系统治理，综合运用自然恢复和人工修复两种手段，从理念先行加快绿色低碳转型角度提出大力培育绿色低碳理念、系统推进减污降碳协同增效、持续探索推动创新实践、逐步建立评价评估体系，从全过程提升绿色低碳水平角度提出合理规划受污染土地用途、精准开展土壤污染状况调查评估、重点突出绿色低碳化设计、积极探索最佳管理措施、追踪开展后期可持续管理，从全方位强化科技支撑角度提出加强科研布局和基础研究、攻关关键技术材料和装备研发、加大技术集成和工程示范，从完善保障措施角度提出加强组织领导、建立激励机制、拓展能力建设、开展宣传教育。

专栏 1　绿色低碳环境修复国际进展

国际上从2000年前后逐步进入土壤污染绿色可持续修复（Green and Sustainable Remediation, GSR）时期，从传统基于质量标准修复和基于风险评估的修复管控策略，向综合考虑修复管控全过程环境、社会和经济影响的可持续策略转变；至2020年GSR相关评估体系和实践应用基本成熟，2020年以后随着全球应对气候变化需求日益迫切，土壤污染治理逐步进入可持续和韧性修复（Sustainable and Resilient Remediation, SRR）时期，将碳排放和适应气候变化能力纳入评估体系。

根据英国在2015年《欧盟和英国可持续修复的法律和监管基础综述》的统计，共有7项欧盟指令、1项欧盟政策/指南、27项英国立法、27项英国政策/指南涉及可持续修复的内容（AECOM, 2015）。例如，欧洲议会和理事会环境责任指令2004/35/CE提出，与水域、受保护物种或栖息地有关的修复措施，应考虑安全、成本、可行性、二次影响、修复时间、修复程度等，选用合理的修复方案。如果已采取的修复措施确保不再有对受体产生不利影响的重大风险，或未达基线的成本与环境效益不成比例时，不应采取进一步的修复措施。欧洲议会和理事会环境责任指令关于土地损害的修复提出采取必要措施保证相关污染物得到清除、控制或减少，以便可以安全利用……应考虑一种自然恢复的选择，即在恢复过程中不采取任何直接的人为干预的选择。

国际GSR典型案例包括实践和评估2个部分。英国、美国等国家关于绿色低碳环境修复的研究和实践较早，美国国家环境保护局（EPA）发布的系列绿色修复最佳管理实践（Best Management Practices，BMPs）应用于许多美国超级基金场地的修复管控，并在BMPs指导文件中配套相关应用案例说明。英国可持续修复论坛（Sustainable Remediation Forum, SuRF）的公告提供了在开展项目时进行可持续性评估的案例，展示了案例背景、评估方法、流程和结果。

国际上生态环境管理机构和相关组织等发布的文件中有不同的GSR评估体系。现有的风险管控和修复绿色低碳评估方法以层次化评估为主，根据不同评估目标、决策需求、应用场景、数据可获得性等，分层次开展定性、半定量或定量评估（生态环境部环境规划院，2023）。相应的指标体系设计根据评估目标和评估方法的不同有所区别，遵循可持续性、气候适应性、成本有效性、可行性等基本原则，总体仍涵盖在环境、社会、经济和气候变化几大要素指标之下（生态环境部环境规划院，2023）。

专栏 2 荷兰污染场地社会成本效益分析案例

成本效益分析（Cost-Benefit Analysis，CBA）是一种系统性的方法，用于评估环境政策、决策等对社会、经济和环境的影响。CBA 的建立是基于经济学原理，通过将环境影响和成本转化为经济指标，以确定政策和规则的成本和效益。具体而言，CBA 将所有相关成本和效益考虑在内，包括直接成本和间接成本（如环境污染、人身健康损害），以及直接效益和间接效益（如经济增长和就业机会）。通过比较成本和 CBA 可以确定最佳环保政策和规则。

在 CBA 的基础上，2007 年，荷兰环境评估署（PBL）在土壤修复领域使用社会成本效益分析框架（SCBA）评估了荷兰全国土壤修复在不同政策情景下未来 100 年的净成本效益。SCBA 评估考虑了土壤修复对健康、房地产、饮用水供应、公民意识和生态系统等方面的效益，对健康、房地产和饮用水的效益进行了货币化计算。SCBA 评估定义了土壤修复行业未来的 4 种政策情景，一是“基线情景”，“基线情景”中政府不再为土壤修复提供资金支持，法律因素尚未改变，土地私人当事方继续以类似于目前的水平进行土壤修复，到 2030 年共需要实施 10 000 个土壤修复项目。二是“现行政策情景”，在 2015 年之前，对 11 000 个地块进行风险管控直到 2030 年，政府帮助因土壤污染导致城市经济发展停滞的城市或区域发展。在“现行政策情景”下可以涉及约 25 000 个地块。三是“紧急地块情景”，土壤修复政策要求修复 11 000 个“紧急地块”，加上“基线情景”土地私人当事方实施的 10 000 个土壤修复项目，“紧急地块情景”共涉及约 20 000 个土壤修复项目。四是“修复所有地块情景”，即对全国 56 000 个地块进行修复，包括那些土壤污染未对地区经济发展造成停滞的地块，共涉及 56 000 个土壤修复项目。据估计，2015 年，“紧急地块情景”中的 11 000 个“紧急地块”的修复费用约 30 亿欧元。到 2030 年，56 000 个地块的修复费用高达 120 亿欧元。修复成本中位数约为 16 欧元 /m^2，平均修复成本较高，约为 145 欧元 /m^2。一些煤气厂、军事用地和化工场地修复成本较高。4 种政策情景中的地块数据基于2005年荷兰对全国土壤污染进行的系统性普查，特别是点源污染，基于这次全国土壤污染系统普查，制定了包含3 800个污染地块面积、修复成本、污染物类型、污染浓度的地块清单。根据普查结果，荷兰约有40万个地块的土壤可能受到严重污染（浓度超过土壤质量标准），主要在荷兰的西部地区和南部地区。50%的地块位于建筑区，40%的地块位于农业区，预计约有56 000个地块会对人体健康、生态系统或地下水产生风险，约11 000个地块风险较大，被定义为“紧急地块”。这些地块主要位于大城镇及周边。

最终SCBA评估结果显示，2007—2107年4种政策情景下的土壤修复净效益均为负收益（贴现率4%），“基线情景”净成本效益 −0.9亿欧元；“紧急地块情景”净成本效益 −5.8亿欧元；“现行政策情景”净成本效益 −6亿欧元；“修复所有地块情景”净成本效益 −7.5亿欧元。

资料来源：生态环境部环境规划院。

近年来发布的相关技术导则中也有绿色低碳环境修复理念的体现。《建设用地土壤修复技术导则》（HJ 25.4—2019）中提出鼓励采用绿色的、可持续的和资源化修复。《建设用地土壤污染修复目标值制定指南（试行）》（详见环办土壤函〔2022〕488号）提出在保障实现土壤污染修复目标的前提下，兼顾绿色低碳环境修复，采用层次化风险评估策略确定土壤修复目标值，具体可综合考虑前期土壤污染调查评估及后期土壤污染修复的时间与经济成本、修复技术的可达性等确定。《污染地块绿色可持续修复通则》（T/CAEPI 26—2020）规定了污染地块绿色可持续修复的原则、评价方法、实施内容和技术要求。在污染地块管理的各阶段，采取最佳管理措施实现修复的环境、社会、经济绿色可持续目标。《地下水环境背景值统计表征技术指南（试行）》，规范地下水环境背景值的统计与表征，有助于根据背景值合理确定地下水污染修复目标值，避免过度修复。《重金属污染底泥原位修复指南》（DB37/T 4640—2023）指出，在修复方式选择时，对自然修复趋势明显的水体，宜选用监控式自然修复；在材料筛选时，宜选择环境友好、不造成底泥和水体二次污染的覆盖材料。

1.3 政策小结

与欧美发达国家（地区）相比，中国在绿色低碳环境修复领域起步较晚，发展阶段不同，差距和差异都十分明显。随着企业的拆除腾退，从调查评估结果来看，许多城市仍在涌现污染地块，中国推动绿色低碳环境修复，需要充分认识到本土国情与发达国家的差异，探索适合本土国情的管理和制度体系，实现弯道超车。

专栏 3 国际国内 GSR 法规政策对比

欧美发达国家（地区）在 GSR 法规政策、标准指南、实施评估等方面已经形成了一套较为成熟的体系。而中国目前仅在法规政策中表现出鼓励支持绿色低碳环境修复理念，专门的指导性文件较少，2020 年中国环境保护产业协会发布《污染地块绿色可持续修复通则》（T/CAEPI 26—2020），2023 年生态环境部办公厅发布《关于促进土壤污染风险管控和绿色低碳修复的指导意见》，其他法规政策都是一句话或一段话的相关要求。GSR 起源时间与国内外涉及 GSR 理念的法规政策数量对比见表 1–2，中国和欧洲（含英国）涉及绿色低碳环境修复相关法规与政策出台情况见图 1–1，相对而言，中国提出 GSR 时间和相关法规政策出台时间较晚，总量较小。

表 1–2 GSR 起源时间与国内外涉及 GSR 理念的法规政策数量对比

	中国	欧洲
提出 GSR 时间	2018 年 国家重点研发计划“污染场地绿色可持续修复评估体系与方法”项目立项实施	2002 年 欧盟政府间修复组织提出“可持续污染场地管理”概念（侯德义，2016）
GSR 法律法规数量	7 个	7 项欧盟指令、27 项英国立法中涉及与可持续修复相关的内容（AECOM，2015）
GSR 政策 / 指南数量	15 个	1 项欧盟政策 / 指南、27 项英国政策 / 指南中涉及与可持续修复相关的内容（AECOM，2015）

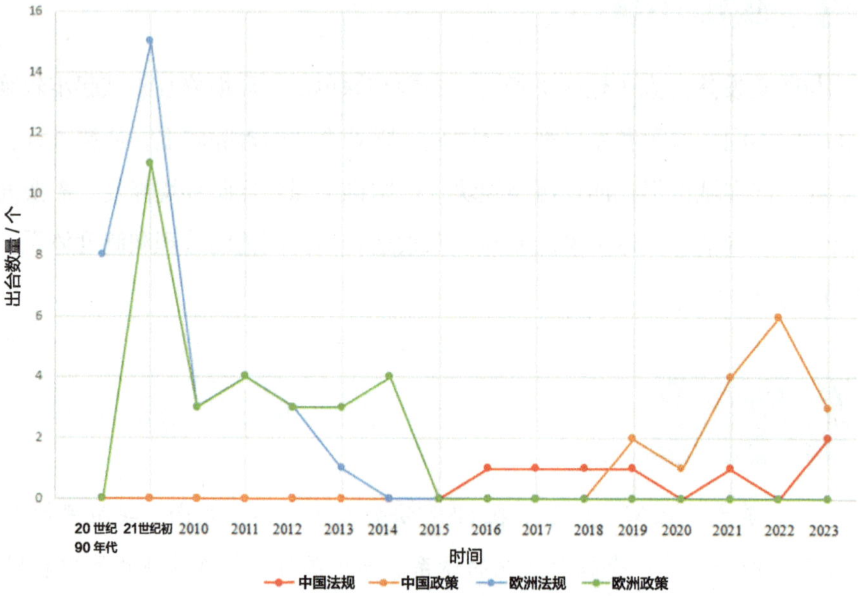

图 1-1 中国和欧洲（含英国）涉及绿色低碳环境修复相关法规与政策出台情况

1.3.1 结论

（1）国际上环境修复已经进入绿色低碳新时代

20 世纪 70 年代以来，欧美发达国家（地区）在土壤修复领域建立了相对完善的法律法规体系（谷庆宝，2019）。2000 年前后，逐步进入土壤污染 GSR 时期。经过 20 多年的发展，欧美发达国家（地区）已经全面进入 GSR 新时代和后修复时代。GSR 新时代，即在传统 GSR 的基础上，考虑应对气候变化的可持续和韧性修复的影响因素。后修复时代，即城市的污染地块增量已基本为 0，重点在于存量治理。国外现阶段研究方向主要集中于新污染物治理、大型污染场地和区域尺度治理等前沿研究。

（2）国内国际绿色低碳环境修复的过程与进展对比

与国外相比，我国 GSR 起步较晚。在理念提出方面，中国在 2018 年才正式提出绿色可持续修复（《绿色可持续场地修复》正式出版，国家重点研发计划“污染场地绿色可持续修复评估体系与方法”项目立项实施），欧洲早在 2002 年即提出可持续污染场地管理的概念。在框架体系方面，长期以来，欧美发达国家（地区）在 GSR 法规政策、标准指南、实施评估等方面已形成一套较为成熟的体系，中国在相关法规政策中以鼓励绿色低碳环境修复理念的原则要求为主，专门的指导性文件较少，2023 年，生态环境部办公厅发布《关于促进土壤污染风险管控和绿色低碳环境修复的指导意见》（环办土壤〔2023〕19 号）。在技术规范方面，2020 年中国环境保护产业协会发布团体标准《污染地块绿色可持续修复通则》（T/CAEPI 26—2020）。目前，我国仍存在 GSR 配套政策不完善，技术标准和工程实践不匹配，指南、导则难以指导实际工作等问题。

（3）国内国际绿色低碳环境修复的差距与差异分析

中国在绿色低碳环境修复领域与欧美发达国家（地区）相比，差距十分明显。一是发展阶段不同。与欧美发达国家（地区）已经全面进入 GSR 新时代和后修复时代，GSR 实践指导和评估等理论体系已较为成熟、完善的现状不同，中国在绿色低碳环境修复领域仍处于萌芽阶段和起步阶段，尽管部分法规政策中对 GSR 提出零星要求，地方也开展了一些案例探索与实践研究，但相关研究还不成体系。当前，中国仍处于快速发展期，与国外相比土地再开发建设需求较为迫切，导致国内虽然有一些 GSR 相关研究，但实践应用场景较少，存在一定困难。二是国情不同。中国国土面积大，土壤修复资金缺口大，土壤修复技术和效果不够成熟。基于实际国情，中国近年主要围绕土壤污染源头防控开展工作。在产企业方面：《中华人民共和国国民经济和社会发展第十四个五年规划和 2035 年远景目标纲要》提出，以化工、有色金属行业为重点，实施 100 个土壤污染源头管控项目。《“十四五”土壤、地下水和农村生态环境保护规划》提出，以化工行业、有色金属行业为重点，实施 100 个土壤污染源头管控项目，开展在产企业防渗漏、防流失、防扬散，重金属减排等提标改造和历史遗留废渣整治。企业通过实施管道化、密闭化、防腐防渗、管线架空等绿色化改造，防止企业用地新增土壤污染。同时，鼓励在产企业探索“边生产边管控”的风险防控模式，推动企业高质量发展。推动土壤重点监管单位开展隐患排查工作，及时发现土壤污染隐患，及早采取措施消除隐患，管控风险，防止污染或污染扩散和加重，降低后期风险管控或修复成本。在化工园区方面，开展化工园区地下水调查，筛选风险较高、污染迁移性较强的化工园区开展地下水风险管控与修复试点。

1.3.2 建议

（1）加强法律法规、标准指南中绿色低碳环境修复理念

在法律法规、标准指南制修订时，建议加强绿色低碳环境修复理念、实践指导和评估。一是在《土壤污染防治法》等法律法规修订时，建议明确提出鼓励绿色低碳环境修复，强化绿色低碳环境修复理念。二是可以加快出台绿色低碳环境修复标准和技术文件，从地块规划确定、调查评估、修复管控工程实施、后期管理等阶段出台实施细则，进一步增强绿色低碳环境修复的实践指导。三是适时研究发布绿色低碳环境修复评估性标准指南，建立绿色低碳评估指标体系和方法，研发评估工具，构建基础数据库，增强绿色低碳环境修复的科学评估，有效推动环境修复产业绿色低碳发展。

（2）专项资金项目纳入绿色低碳评估

建议对获得中央和地方专项资金支持的土壤污染治理修复项目开展绿色低碳评估。可以由下达资金单位同级生态环境管理部门在项目验收绩效评价阶段组织绿色低碳评估，其中专项资金支持金额较高的建议开展细致的绿色低碳评估，专项资金支持金额中等的建议开展简化的绿色低碳评估，专项资金支持金额较低的建议鼓励自行开展绿色低碳评估。各省（区、市）可根据实际需要建立绿色低碳环境修复统筹账户，探索开展相应的奖惩机制，由生态环境管理部门组织开展评估的项目参评，账户内的款项由省级生态环境管理部门用于绿色低碳环境修复相关工作。建议各省（区、市）定期对本年度专项资金项目开展综合评估，可根据单个项目绿色低碳评估结果及专项资金金额进行加权，综合得出全省（区、市）绿色低碳评估结果，将结果上报生态环境部，来年下达省级专项资金时可酌情考虑全省绿色低碳评估结果。中央和地方生态环境管理部门可对评估结果突出的省（区、市）和项目进行表彰。

（3）美丽中国建设考虑绿色低碳环境修复元素

建议在研究美丽中国建设成效考核指标体系过程中，纳入绿色低碳环境修复创新和实践的预期性指标，在建设美丽中国背景下打好“净土保卫战”。土壤污染防治目标应与“十四五”时期的目标保持一定延续和提升，同时加强与国家“十五五”规划、生态环境保护“十五五”相关规划的衔接，从“双90”的单一考核方式转为兼顾土壤健康、环境风险、可持续修复、管理制度

指标的综合考量，从保障农产品质量安全、人居环境安全角度，确定美丽中国建设过程中的土壤污染防治目标，并设计定量化指标。建议初步设定建设用地土壤健康评价指数、土壤污染修复绿色低碳环境修复占比、大型复杂污染场地安全开发占比、污染地块可持续风险管控占比 4 项指标（生态环境部环境规划院，2023）。

（4）鼓励各地推广促进绿色低碳环境修复的措施

建议鼓励地方开展 GSR 创新和实践。一是加快出台配套激励政策，包括专项资金支持绿色低碳相关科研项目研发，组织绿色低碳先进技术申报，专项资金和多元资金来源支持绿色低碳环境修复管控项目。二是建议开展多级 GSR 试点，包括设立国家和地方 GSR 试点，给予政策和资金支持，鼓励地方积极探索在管理、技术、装备等方面和关键环节的 GSR 创新。三是建议加强宣传推广，包括可以向各级管理和从业人员科普绿色低碳环境修复，宣传相关理念，以及定期开展 GSR 试点工作调度、评估和经验总结、推广，及时对先进试点项目进行表彰。

参考文献

[1] 谷庆宝 . 利用与修复，孰先孰后？——从国外经验看中国土壤环境污染防治 [J]. 中国生态文明 , 2019(1):39-42.

[2] 生态环境部环境规划院 . 关于逐步建立土壤污染风险管控和修复绿色低碳评价指标体系的建议材料 [R]. 北京 : 2023.

[3] 生态环境部环境规划院 . 建设用地关闭搬迁及土壤污染状况预测分析和美丽中国建设过程中相关目标指标研究报告 [R]. 北京 : 2023.

[4] 侯德义 , 李广贺 . 污染土壤绿色可持续修复的内涵与发展方向分析 [J]. 环境保护 , 2016, 44(20):16-19.

[5] AECOM A review of the legal and regulatory basis for sustainable remediation in the European Union and the United Kingdom Appendix C[R].Joint SuRF-UK/NICOLE report, 2015.

WFC

2

绿色低碳环境修复技术研发年度进展

Annual progress in research and development of green and low-carbon environmental remediation technologies

绿色低碳环境修复技术研发一直是发达国家高度关注和持续投入的领域。如日本 SuRF 成立了绿色修复和可持续修复 2 个工作组，英国 SuRF 公布了《土壤和地下水修复可持续性评估框架》，荷兰应对持续变化（Berenschot Osborne）等机构联合发布风险降低 - 环境价值 - 成本（REC）模型用于分析和评估污染场地修复策略，欧盟先后启动了 REMEDE、4P 等研发计划，从绿色低碳环境修复技术研发、应用、推广及配套政策和管理模式等方面开展重大课题攻关。2021—2025 年，欧盟主要的科技资助项目在绿色低碳环境修复领域更加侧重于新污染物治理、应对气候变化等方面。北美的绿色低碳环境修复技术研发主要在底泥修复、场地修复方面，涉及非水相物质的修复（DNAPL）、氯代烃的原位注射修复、更加精准的蒸汽入侵评估、绿色可持续修复和减少修复能耗、基岩裂隙的修复技术、更加精准高效的原位化学氧化技术、新污染物修复、生物修复技术、铁基 / 硫基 / 矿物基修复材料研发等（韩颖，2023）。

国内关于绿色低碳环境修复的研发，主要包括矿山破坏修复、流域生态修复、生态整体修复、农田土壤污染治理、土壤污染源头管控、工业场地污染修复、在产企业风险防控、底泥污染治理修复、海岸污染治理修复等。在绿色低碳环境修复科技研发投入方面，主要包括国家重点研发计划、国家自然科学基金、企业科研自主研发投入等方面，其中，国家重点研发计划专项在绿色低碳环境修复领域，主要涉及农用地重金属面源污染治理、场地污染风险管控与修复、海岸带生态修复、水体环境修复等。

2.1 技术研发投入情况

2.1.1 绿色低碳环境修复研发投入的主要领域

“十四五”期间，绿色低碳环境修复研发集中于绿色可持续修复理论和决策机制研发、绿色修复材料研制、场地绿色可持续修复装备和技术开发、绿色低碳全过程评估方法等 4 个领域。

在绿色可持续修复理论和决策机制研发方面，主要关注场地绿色可持续修复的促进机理、绿色可持续修复的核心技术模式及综合决策机制。重点支持了“污染场地绿色可持续修复评估体系与方法”项目，从场地 GSR 指标体系构建、区域 GSR 规划与决策支持方法、国家 GSR 管理体系与发展战略研究等方向开展研发。“国家环境保护土壤健康诊断与绿色修复重点实验室”获批立项建设，该重点实验室以土壤健康指标体系、土壤特征元素全生命周期的生态效应、退化土壤绿色修复技术、土壤健康管理与安全利用等为主要研究方向。

在绿色修复材料研制方面，主要针对土壤和地下水修复中可以实现低碳减排修复材料的研发。在重金属污染土高效淋洗配方、污染土壤复配稳定剂、典型酸根态重金属钝化材料、中医药化工园区土壤—地下水污染原位协同修复材料、污泥基生物炭材料功能强化与基质化、地下水复合污染原位高效反应带低碳材料等领域建立了研究课题。

在场地绿色可持续修复装备和技术开发方面，在多种修复装备开发中融入绿色低碳理念，以修复企业为主体开发了一系列绿色可持续修复装备。此外，重点支持了“高浓度石油污染土壤绿色清洗—脱附集成技术与智能化装备”“污染场地土壤功能重构与持续利用新技术”研发。部分绿色可持续修复装备已在我国地块修复案例中进行了应用示范。

在绿色低碳全过程评估方法方面，开展现场监测与数据收集，进行绿色低碳技术评估与验证，构建耦合环境安全、碳排放、能耗、物耗、环境净效益等多维度的绿色低碳评估指标体系。重点专项项目“场地污染修复技术绿色低碳全过程评估技术”拟开展全生命周期碳排放测算、修复全过程碳足迹评价技术、经济和低碳评估数据库、绿色低碳环境修复技术评估指标等方向的研发。重点专项项目“高地质背景土壤污染风险管控与安全利用技术及应用”拟开展污染风险管控与绿色修复效能的全流程评估方法研发。

“大气与土壤、地下水污染综合治理”重点专项 2023 年度项目中涉及绿色低碳环境修复相关内容包括以土壤与地下水为主要修复介质的治理修复技术和材料等（表 2-1），侧重于新技术的研发和修复治理技术的集成示范研究。

表 2-1　2023 年重点研发计划支持绿色低碳环境修复相关项目

序号	项目名称	涉及绿色低碳环境修复相关内容
1	非点源多介质氨、氮等污染综合治理技术	创新种植业氨与氮氧化物全过程多介质深度协同减排的绿色低碳新产品、新技术与新模式；提出区域氨、氮全域协同低碳精准减排方案与技术途径；集成经济可行的区域绿色低碳协同减排模式
2	在产医药化工园区土壤—地下水污染风险防控与原位协同修复	研制对建筑物 / 构筑物低影响的绿色低碳环境修复材料 4 种
3	地下水复合污染原位高效反应带修复技术	研发基于新材料的地下水复合污染原位高效反应带绿色高效修复和低碳长效风险管控技术体系；建立复合污染地下水绿色高效修复与低碳长效风险管控效果评估方法；研制原位绿色高效修复材料与长效风险管控材料 3 ～ 5 种
4	污染场地土壤功能重构的资源化利用新技术	研发绿色低碳的污染土壤生态 / 生产功能重构及综合利用技术
5	高地质背景土壤污染风险管控与安全利用技术及应用	研发污染风险管控与绿色修复成套技术；研究土壤污染风险管控与修复效能的全流程评估方法；创建“风险管控—绿色修复—安全利用”技术体系与风险防控模式
6	长三角精细化工园区场地复合污染协同修复技术集成及示范	研究靶向、高效、长效的新型绿色修复技术体系
7	珠三角典型产业集群区土壤与地下水协同修复技术及示范	研选绿色、低碳、高效的场地污染防—控—治技术；构建集群区及周边敏感用地土壤—地下水污染综合防控和安全利用新模式，开展区域性应用示范

资料来源：“大气与土壤、地下水污染综合治理”重点专项 2023 年度项目申报指南。

2.1.2　绿色低碳环境修复研发资金的来源渠道

1）我国设立了研发专项对绿色低碳环境修复相关项目给予支持，科技部设立相关国家重点研发计划专项 153 个，估算投入资金 31.68 亿元。如重点研发计划“污染场地绿色可持续修复评估体系与方法”“高浓度石油污染土壤绿色清洗—脱附集成技术与智能化装备”分别投入中央财政经费 1 399 万元和 2 412 万元，有力地支持了绿色低碳环境修复研发工作。

2）国家部委绿色低碳发展资金带动绿色低碳科技研发。其中国家发展和改革委员会印发并修订了《重大区域发展战略建设（长江经济带绿色发展方向）中央预算内投资专项管理办法》，支持生态环境突出问题整改项目、长江生态环境污染治理“4+1”工程项目、湿地保护和修复项目、协同推进生态优先绿色发展工程等，为发挥中央预算内投资对长江经济带生态环境保护修复起到带动作用。

3）环境修复企业在材料、装备、技术的研发中投入经费，根据上市环境修复企业 2022 年财务费用统计，研发费用投入占总费用投入比例的 3.37% ～ 9.73%，研发费用投入最高的企业研发费用达到 3.5 亿元。

2.1.3 绿色低碳环境修复研发投入的短板分析

我国绿色低碳环境修复研发投入在“十三五”和“十四五”时期得到高度重视，科技部、国家自然科学基金委员会、生态环境部、农业农村部、中国科学院等部委、单位相继启动了一批土壤污染过程、管控与修复重大项目，大大促进了环境修复科技的发展（骆永明，2020）。目前，基于绿色低碳环境修复理念的环境修复在材料研发、技术和装备研发、评估体系研发中取得了一系列进展。但还存在以下问题：

1）前瞻性和战略性因素考虑欠缺。环境修复的技术改进研发多基于对已有材料进行优化或国外修复技术的借鉴，未及时接轨我国“碳中和、碳达峰”战略下新的产业发展趋势和环境修复业态，研发投入的政策指引尚不全面，缺乏对于资金投入和收益回报的战略性考虑。

2）产业化、市场化程度不够高。在源头控制、过程阻断、净化修复、安全利用到生态开发的集成治理模式中尚未形成产业化和市场化，对研发创新的资金投入仍以政府投入为主，社会资本对研发资金投入的积极性有待提升。

3）产出成果缺乏实用性。资金投入的研发方向多集中于成果本身，对实际运用的考核方式偏少，个别科技成果可操作性较差，对于新材料、新装备、新技术的使用缺乏规范化的指导和应用。

目前，我国进入绿色低碳环境修复新时代，但仍与国际先进水平存在较大差距。我国仍需进一步明确科技研发的方向和重点，面对当前存在的突出问题，加强研发投入的科学性、合理性，拓展投资渠道，进一步开展国际交流与合作，推动中国绿色低碳环境修复事业持续发展。

2.2 科研成果产出情况

2.2.1 科研成果产出进展

（1）论文发表

从论文发表看，基于中国知网（CNKI）统计情况可知，1978—2023 年，我国中文期刊发表关于“环境”“绿色”“修复”相关期刊论文数量为 24 173 篇，其中涉及“绿色”的相关论文为 1 810 篇；基于科学网（Web of Science）统计情况可知，1993—2023 年，我国在英文期刊发表关于“环境”“绿色”“修复”相关期刊论文数量为 19 321 篇，其中涉及“绿色”的相关论文 633 篇。1993—2023 年关于“修复”“环境”“绿色”论文发表趋势见图 2-1，从论文发表数量可以发现，自 2016年开始相关期刊论文发表数量迅速增多，近 5 年来科研成果数量明显增长。

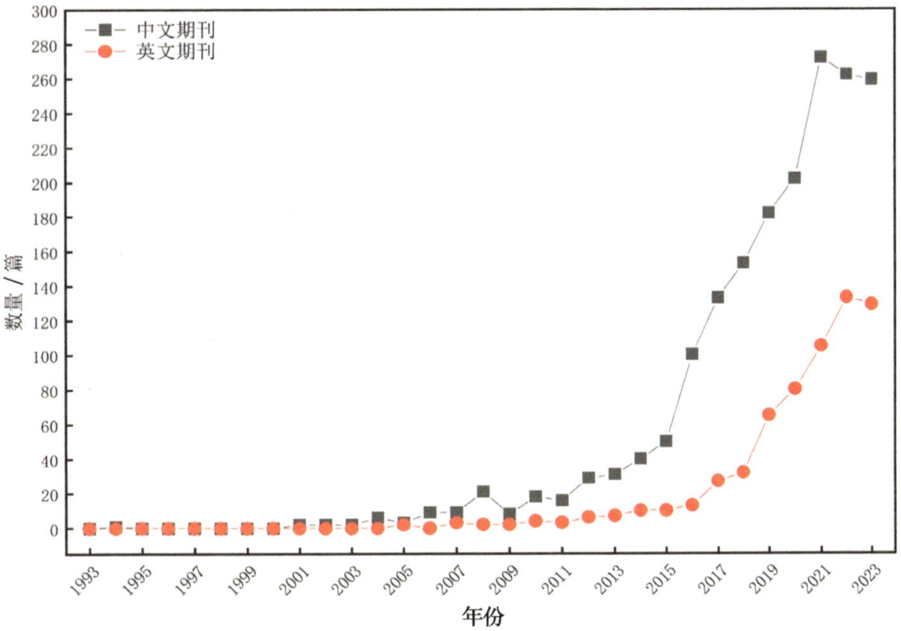

图 2-1　1993—2023 年“环境”“绿色”“修复”论文发表趋势

资料来源：CNKI 和 Web of Science。

据 CNKI 中文论文 2002—2023 年“绿色修复”“绿色可持续修复”“绿色低碳环境修复”主题年度被引情况可知，有关“绿色修复”主题被引频次总体呈逐年上升趋势，“绿色可持续修复”主题自 2016 年开始出现，被引频次呈逐年上升趋势，“绿色低碳环境修复”主题自 2022 年开始出现，被引频次逐年上升（图 2-2）。

图 2-2　2002—2023 年 CNKI 中文论文“绿色”主题年度被引频次

资料来源：CNKI。

（2）专利研发

在专利研发方面，基于CNKI统计情况可知，1981—2023 年，我国关于“修复”“绿色”“环境”相关专利数量 8 466 个，其中发明专利授权 4 556 个。涉及“绿色”的相关专利 48 个，其中 2023 年专利 11 个。2004—2023 年相关专利发布趋势见图 2-3 。

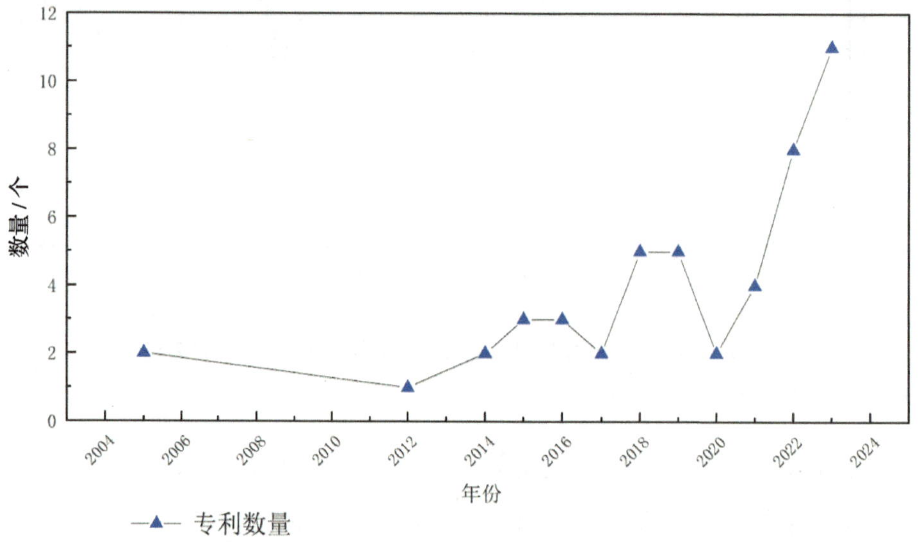

图 2-3　2004—2023 年“修复”“环境”“绿色”专利发布趋势

资料来源：CNKI。

（3）图书出版

2023 年，一批土壤和地下水污染修复相关国际专著在国内得到翻译和推广。《地下污染物：污染源区评估与修复》《土壤和地下水污染修复：原理、实践和可持续性》《污染场地地下水的原位化学氧化修复技术》等经国内不同研究团队翻译出版。生态环境部环境规划院牵头编著的“污染地块可持续修复与管理丛书”系列持续推新，出版基于“污染场地绿色可持续修复评估体系与方法”等科技专项研究成果的《污染地块绿色可持续修复评估方法及案例》一书。

（4）国家绿色低碳先进技术成果

2023 年 9 月科技部公布的《国家绿色低碳先进技术成果目录》中，土壤和生态修复领域共 10 项技术成功入选，分别为有机污染场地原位化学氧化和智能化控制修复技术、复杂污染场地高压旋喷注射—原位化学氧化成套修复技术、焦化类污染场地土壤风险评估技术、多种重金属污染土壤同步固化—稳定化修复技术、高频声波振动钻进取样装备及技术、重金属污染土壤芦竹修复及生态板材制造技术、黄土高原沟壑防控组合土障技术、新型高聚物生态护坡技术、砂（砾）质海岸线生态修复工程设计关键技术、水电工程边坡植生水泥土生境构筑技术。

2.2.2 装备、材料、模型等产出进展

绿色低碳环境修复理念在技术和装备研发、材料研发、模型或方法研发中取得一系列产出进展（表 2-2）。

表 2-2 装备、材料、模型等产出进展

类型	成果名称
技术装备	移动式土壤淋洗修复系列装备 复合原位化学氧化修复设备 原位电阻加热 - 蒸汽强化抽提耦合蒸汽强化装备 地下水原位修复药剂注入一体化技术装备 环境修复功能材料布料装备 土壤重金属原位生物固定稳定修复技术及装备 土壤重金属异位快速稳定化处理智能装备 土壤重金属分级淋洗与深度洗脱分离集成装备

类型	成果名称
修复材料	多环芳烃污染土壤修复淋洗剂 生物质 / 碳基缓释氧化异味抑制剂 生物炭土壤重金属修复剂 改性凹凸棒土土壤修复剂 磷基修复材料 固体废物基生物土壤修复剂 多源物质混合修复剂 重金属污染土壤硅铝基材料 "临界粒径 - 低碱激发 - 常温制备"的固体废物基环境材料
模型或方法	定性评估方法包括清单法、最佳管理实践（BMPs）、矩阵法和评分系统等； 半定量评估方法包括电子表格、评分和加权系统、风险预测、暴露模拟等； 定量评估方法以典型的生命周期评估（CA）法、环境足迹分析（EFA）法及成本效益分析（CBA）法为主

资料来源：CNKI 及公开资料整理。

2.2.3 标准导则等产出进展

在推进科技创新、促进产业优化升级中，科技成果落地转化是关键环节。目前关于绿色低碳的指导意见及技术导则包括指导意见、地方标准、团体标准等，标准导则等产出进展见表 2-3。

表 2-3 标准导则等产出进展

类型	成果名称
指导意见	《关于促进土壤污染风险管控和绿色低碳修复的指导意见》（环办土壤〔2023〕19 号）
团体标准（已发布）	《污染地块绿色可持续修复通则》（T/CAEPI 26—2020）
	《污染地块安全利用保障技术 第 5 部分：复合污染地块修复技术应用指南》（T/GDSES 9.5—2023）
	《污染地块安全利用保障技术 第 4 部分：复合污染地块绿色高效修复技术集成指南》（T/GDSES 9.4—2023）
	《湖泊流域水环境治理与生态修复技术规范》（T/HAEPCI 57—2023）
	《矿区边坡植被毯生态修复技术规范》（T/HAEPI 02—2023）

类型	成果名称
团体标准（已立项）	《农药类污染地块土壤和地下水污染绿色低碳风险管控技术指南》
	《六价铬污染地块土壤和地下水污染绿色低碳风险管控技术指南》
	《污染场地绿色修复材料评估技术指南》（征求意见稿）
	《绿色可持续性修复指南》（征求意见稿）
	《场地修复碳排放评估技术指南》

资料来源："全国团体标准信息平台"及公开资料整理。

2.2.4 人才培养等产出进展

为进一步提高全国生态文明建设理论水平和实践能力，加快推进人与自然和谐共生的现代化建立，国内已通过多种途径强化绿色低碳环境修复领域人才培养。

（1）宣传网站

依托宣传网站广泛传播绿色修复理念，相关网站包括中国环境网、中国科学院资源环境科学与数据中心、国家土壤信息服务平台、中国环境新闻网、北极星环保网、环境云、环安科技在线计算平台、环境影响评价信用平台、中关村众信土壤修复产业技术创新联盟等。

（2）学术会议

2023 年全国各地召开环境修复相关会议 10 余次，其中涉及绿色低碳专题学术会议 10 场，包括第三届全国土壤修复大会、第九届土壤与地下水国际研讨会、2023 地下水污染防治技术与方法学术会议、中国环境科学学会 2023 年科学技术年会、第八届中国环博会广州展暨第五届广东省环保产业高质量发展大会、第十六届中国环保展、第三届中国国际土壤修复及油泥治理峰会、2023 第七届西安国际环保产业博览会、2023 中国环境技术大会、2023 第四届棕地再生与生态修复国际会议。

（3）科研奖励

"重金属污染场地土壤－地下水污染协同防控关键技术及应用""丹江口水库消落区滩涂湿地保护与修复治理模式""污染场地土壤及地下水原位采样钻测一体化技术研发"等以绿色低碳环境修复为主题的创新项目分别获

得“2023年度环境保护科学技术奖”“保尔森可持续发展奖”“2023年度发明创业奖创新奖”。

（4）其他途径

1）建立“绿色可持续修复（GSR）”公众号，并举行近40期绿色可持续修复系列公开课。

2）“大气与土壤、地下水污染综合治理”重点专项在典型区域和重点行业开展技术及工程示范。

2.3 成果应用示范情况

2.3.1 绿色低碳评估应用示范

2023年，在我国多个典型污染场地开展绿色可持续评估实践探究，为污染场地修复活动减污降碳、绿色低碳发展提供数据和工具支撑，推进我国污染场地修复环境影响定量化评估，以天津某农药厂土壤修复工程和信阳某农药厂土壤修复工程为绿色低碳评估应用示范。

（1）天津某农药厂土壤修复工程

天津某农药厂主要受到VOCs、SVOCs和农药的污染，需要修复的污染土方量达1 581 591.9 m^3，需要修复的地下水面积为232 813 m^2。场地修复充分借鉴国外在污染场地修复领域的先进经验，以有效去除或降低场地土壤中污染物的浓度和风险，提高修复效率，减少二次污染，确保人体安全为基本原则，提出了污染土壤原位修复+原地异位修复相结合（方案一）和污染土壤全场原位修复（方案二）。

工程通过可持续性评估对方案进行比选，在环境方面根据资源与材料消耗、能源消耗、运输里程、环境排放、废物产生等方面进行环境影响得分比较，通过比较得出方案一设计规划更为合理，分区明确，能够发挥各种不同修复方法的优点，能源消耗较低，所需要各项资源较少，能源利用率较高。尤其在天然气、水等能源消耗方面，固体废物排放量较小，相较于方案二有一定的优势（表2-4）。

表 2-4 天津某农药厂土壤修复方案环境因素比较

因素		得分		说明
		方案一	方案二	
环境	资源与材料消耗	14.2	14.8	两套方案在水电等资源及相关建材方面消耗接近，由于方案二基建相对简单，所消耗水泥、砂石等相对较少，因此评分略高于方案一
	能源消耗	11	10	由于方案二完全采用原位修复技术，导致部分未受污染土壤也被计入修复范围内，造成一定程度的浪费，因此方案一得分相对较高
	运输里程	4	4	两套方案所需建材和设备都尽量依托当地供应商，因此运输得分相近
	环境排放	9	7	方案二存在部分未污染土壤或低污染土壤原位热脱附，相较于方案一排出更多温室气体，因此方案一得分较高
	废物产生	2	2.5	由于方案二完全采用原位修复技术，因此废物产生量较小，得分较高
总分		40.2	38.3	

（2）信阳某农药厂土壤修复工程可持续性生命周期综合性评估

信阳某农药厂总面积约为 7.63 hm^2，1958 年建厂，主要生产甲基 1605、乙基 1605、甲胺磷、水胺硫磷和甲基异柳磷。自 2018 年起，该地块先后进行了两次修复和一次风险管控，在落实风险管控的基础上，科学利用土地资源、完善城市配套功能、满足居民环境需求。

信阳某农药厂地块在土壤修复与景观改造过程采用了可持续性全生命周期综合性评估，结合地块的历史发展和污染现状进行 2 个情景假设，情景 1 划分为水泥窑协同处置阶段、原地异位常温解吸 + 化学氧化阶段、原位化学氧化阶段、场地回填阶段；情景 2 划分为水平阻隔阶段、垂直阻隔阶段、地下水抽出处理阶段、种植土铺设阶段。可持续性综合评估划分为环境、社会、经济和技术 4 个维度，结合综合权重结果与定性评估结果，情景 1 可持续性全生命周期综合得分为 0.125 8，划分为弱可持续性（表 2-5）；情景 2 可持续性全生命周期综合得分为 0.978 7，为强可持续性（表 2-6）。根据评估结果情景 2 在环境、社会、经济及技术维度下均具有最高的可持续性。

表 2-5 信阳某农药厂 – 情景 1 评估得分

阶段 维度	场地调查阶段	方案设计阶段	施工与运行阶段	验收监测阶段	土地再利用阶段	可持续性全生命周期过程	可持续等级划分
环境	0.022 2	0.017 1	0.002 6	0	0	0.041 9	弱可持续性
社会	0.010 3	0.012 3	0.003 3	0	0.001 9	0.027 8	
经济	0.006 5	0.011 0	0.000 8	0	0.002 3	0.020 6	
技术	0.012 4	0.020 9	0	0	0.002 3	0.035 5	
总计	0.051 4	0.061 4	0.006 7	0	0.006 5	0.125 8	

表 2-6 信阳某农药厂 – 情景 2 评估得分

阶段 维度	场地调查阶段	方案设计阶段	施工与运行阶段	验收监测阶段	土地再利用阶段	可持续性全生命周期过程	可持续等级划分
环境	0.061 3	0.185 5	0.184 9	0.054 3	0.025 0	0.511 1	强可持续性
社会	0.015 5	0.038 2	0.039 3	0.008 9	0.013 6	0.115 6	
经济	0.020 0	0.069 3	0.056 1	0.011 7	0.018 8	0.175 9	
技术	0.022 9	0.071 4	0.045 5	0.022 1	0.014 2	0.176 1	
总计	0.119 7	0.364 4	0.325 8	0.097 0	0.071 6	0.978 7	

2.3.2 绿色低碳环境修复技术应用示范

为了加速绿色低碳技术升级，2023 年 9 月，科技部公布了《国家绿色低碳先进技术成果目录》，相关技术已经在我国百余项工程中得到运用，包括污染地块、工矿用地的土壤修复及脆弱环境生态修复等领域的技术。技术简要说明、特点及示范应用情况见表 2-7。

表 2-7 绿色低碳环境修复技术应用示范情况

序号	技术名称	技术简要说明	特点	示范应用情况
1	有机污染场地原位化学氧化和智能化控制修复技术	对修复过程的工艺参数（抽吸 / 回灌率、压力强度、混噪强度、变量浓度、转化系数等）结合模型优化结果进行智能化、精准动态控制	药剂使用量可减少 15%，部分含氯有机物降解率可提高 20%	已有 25 项工程应用。如天津市西青区高泰路土壤修复工程，污染土壤修复量为 34 964.5 m^3，地下水修复量为 35 486.5 m^3

序号	技术名称	技术简要说明	特点	示范应用情况
2	复杂污染场地高压旋喷注射—原位化学氧化成套修复技术	采用的“二重管法”高压注射工艺具有劈裂和渗透扩散作用，通过药剂在土壤或含水层中的迁移、扩散和反应，将污染物分解为低毒或无毒产物	药剂扩散半径0.8～3.5m，最大修复深度12～25m	已有7项工程应用。如湖北某染料厂生产场地重金属复合污染土壤修复治理工程，土壤修复量为37.02万m^3
3	焦化类污染场地土壤风险评估技术	基于人体胃肠液的体外模拟和温和化学解吸的生物可给性测定，实测土壤气浓度、土壤VOCs多相分配—传输—反应的耦合模型、建筑物再利用风险评估模型和基于模型参数不确定性的概率风险预测等精细化风险评估方法	可监测地面以下深达50 m的土壤气，实现米级分辨率的样品采集	已有40多项工程应用。如首钢主厂区，场地面积约560 m^2
4	多种重金属污染土壤同步固化—稳定化修复技术	首创了特细固体废物“射流搅拌强化传质”技术和泥浆固液射流搅拌成套装备；开发了重金属离子晶格钝化的常温化学固化技术	修复材料用量可降低30%，土壤压实度达到95%，综合施工成本较传统技术降低30%	已有60多项工程应用。如武汉CBD原染料厂污染土壤修复治理工程，土壤修复量为38万m^3
5	高频声波振动钻进取样装备及技术	采用高频动力头提供振动力，可连续快速钻取地表至特定深度的原状样品；配合使用套管或螺旋中空管钻进，可采集地下水样或建造地下水监测井；配合使用污染物监测仪器和特质电缆，可在线采集不同位置的污染物浓度数据并传输至地面；配合使用注浆泵和注浆管，可将修复药剂注入至目标层位；配合使用脱落锥，可完成物探爆破孔的施工	该技术钻进过程中无须泥浆，可降低样品污染；土壤样品压缩率低、结构扰动小，可精准获取地层信息；高频振动使土层液化，钻进速度快，特别适合砂土地层，也可在干旱无水环境下使用。振动频率为50～180Hz	已有6项工程应用。如山西尾矿库勘察项目，累计完成勘察钻孔20余个，进尺600多m，获取原状土样300多组

序号	技术名称	技术简要说明	特点	示范应用情况
6	重金属污染土壤芦竹修复及生态板材制造技术	针对风险管控值 5 ~ 10 倍以内的污染土壤，土壤适宜 pH 为 5.5 ~ 8.5。芦竹扦插或移栽种植株距和行距以 60 ~ 80 cm 为宜，芦竹株高达到 3 ~ 4m 时刈割并留茬 5 cm 左右。以富集重金属后的芦竹茎秆为原料，切成 20 ~ 40 mm 的长度，并控制其含水率在 2% ~ 4%	将芦竹、秸秆纤维在 200 ~ 250 ℃ 内加热压成牢固的整体，制成环保人造板	已有 2 项工程应用。如万山区敖寨河、下溪河流域汞污染土壤修复与治理示范工程一期
7	黄土高原沟壑防控组合土障技术	采用工程—生物组合沟壑封顶技术、沟壑锁扣技术、沟壑边坡绿化技术、疏导分流功能土障与网格状阻隔功能土障组合技术、季节性洪水集聚利用技术等	短时间内实现疏导、分流、减缓、阻隔、固定、集水及固土，控制风沙危害，防止沟壑区水土流失，治理复合沟壑，生态得到恢复	已有 2 项工程应用。如甘肃省环县甜水镇国家沙化土地封禁区项目，治理面积为 30.9 万亩①
8	新型高聚物生态护坡技术	开发了生态修复护坡抗冲蚀材料和凹凸缓释肥功能材料，结合松散体斜坡生态修复技术、植物抗逆性研究及根系诱导技术	通过“结构补强—土壤改良—群落构建”协同作用，解决了陡立创面生态修复的冲蚀严重、植被恢复难等问题，实现受损生态系统恢复或重建	已有 20 多项工程应用。如九寨沟震损区陡立创面项目，修复总面积为 62 127 m^2
9	砂（砾）质海岸线生态修复工程设计关键技术	应用海岸水动力环境高效计算模拟系统全面研究工程区域波浪和潮流特征，为沙滩修复、海湾清淤和生态海堤建设等提供了保障，其中生态海堤使用寿命达到 10 年及以上	该技术大幅提高了生态修复工程实施效率，有效降低了砂（砾）质海岸的侵蚀强度，海域生态环境修复效果显著	已有 3 项工程应用。如营口鲅鱼圈珍珠湾生态修复工程，修复自然岸线 1.35 km
10	水电工程边坡植生水泥土生境构筑技术	集成关键创新技术，构筑原始自然生境，促进植物恢复及演替	整体稳定性提高 22% 以上，根系生长空间增加 10%，微生物多样性指数达 2.79 以上，植被覆盖率达 95% 以上	已有 100 多项工程应用。如深圳鹏城实验室边坡修复项目，实施总面积约 11 200 m^2

资料来源：《国家绿色低碳先进技术成果目录》。

① 1 亩 ≈ 666.67 m^2

2.3.3 绿色低碳环境修复工程示范

绿色低碳环境修复相关技术、装备和材料已经逐步运用于修复工程中，对高能耗、高排放的工程实施方式进行取代，同时在二次污染防控、周边居民满意度方面起到重要作用。天津农药厂污染土壤和地下水修复多维动态监控示范工程在高强度施工过程中使用系统专业的监控预警预测等技术手段，精确把控污染物排放，有效掌控二次污染情况，对减少修复及异味扰民和投诉，具有示范意义。

在天津农药厂污染土壤和地下水修复过程中，由于历史上生产时间久、工艺复杂、产品种类多产量大等因素，加之有机磷农药本身具有异味大的特征，场地污染程度较重，场地周边住宅楼、办公区等敏感受体多，修复过程居民投诉较多，对于整体修复施工组织协调、监管监控、二次污染削减防控等都提出了重要挑战。

根据项目资料梳理，天津农药厂污染土壤和地下水修复工程基于在线监测数据的环境监控预警平台建设示范体系包括施工环境综合监控、污染源在线监控、施工影响溯源模拟、施工影响预报预警等 4 个部分（图 2-4）。

1）施工环境综合监控可实现空地视频监控、环境空气在线监控、施工强度分区监控、土壤与地下水在线监控等。

2）污染源在线监控可实现大气无组织排放和厂界污染达标排放在线监控、修复施工大气污染固定源排放强度在线监控、土壤和地下水环境施工影响动态趋势在线监控、修复施工水污染固定源排放强度在线监控等。

3）施工影响溯源模拟可实现施工二次污染影响空间模拟与溯源分析、地面移动在线监控系统空间跟踪展示、修复施工环境空气质量影响强度分区排行、施工危险源 / 风险源 / 污染源强度与分布动态展示等功能。

4）施工影响预报预警可实现施工修复面积 / 方量完成进度动态显示、修复施工分区扰动环境影响变化趋势、地块周边敏感区域影响强度近期预测、修复施工环境空气影响强度阶段预警等功能。

该示范工程有效掌握了施工过程中污染浓度变化趋势及二次污染情况，预测不同区块场地修复工程施工强度，为有针对性地开展二次污染防控和异味管控措施提供了快速响应的数据支撑，为不同气象条件下提前开展异味管控措施、错峰施工、避免异味扰民提供智慧决策支撑。

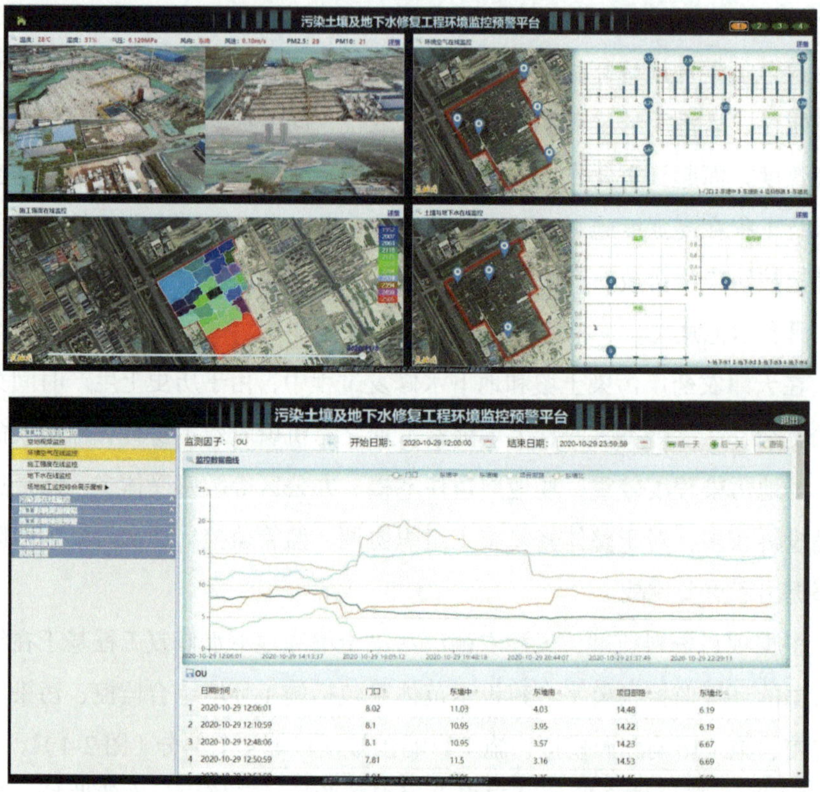

图 2-4　污染土壤和地下水修复工程环境监控预警平台显示界面

2.3.4　生态景观提升应用示范

生态景观提升为场地绿色可持续修复中的重要模式，可持续风险管控与生态景观同步设计与耦合，可在污染治理的同时赋予场地景观生态功能，恢复土壤碳汇能力，利用植被提高土壤碳容量，创新助力实现“双碳”目标。长城化工厂地块可持续风险管控与景观提升示范工程为应用示范典型案例（图 2-5）。

长城化工厂土壤主要受滴滴涕、苯系物、氯代烃类污染物污染。该地块采用时间分步、空间分区、制度与工程相结合的风险管控模式，核心管控区采用水平防渗阻隔 + 生态覆绿 + 风险管控 + 长期监测的管控方法，重点管控区采用水平覆土阻隔 + 生态覆绿 + 风险管控 + 长期监测的管控方法，一般管控区采用生态覆绿 + 风险管控 + 长期监测的管控方法。通过建立涵盖环境空气、地下水、土壤气多介质在线监测与监控预警平台，实施基于动态在线监控与人工手动监测相结合、监测数据统计分析与迁移模拟预测相结合、长期监测与制度控制相结合的可持续风险管控监控预警体系。

通过碳排放系数法，对长城化工厂场地进行初步测算，案例场地实施风险管控的 5 年间，净固碳量为 113.56 t，其中碳排放量约为 458.49 t，总固碳量约为 572.05 t，阻隔措施与场地调查活动是最主要的碳排放环节，分别占总碳排放的 36.78% 和 34.12%，其中，施工材料和施工机械碳排放占总碳排放的 97.88%；单位污染土壤的风险管控碳排放强度为 2.54 kg/m^3，与其他案例采用的固化 / 稳定化（34.78 kg/m^3）、异位热脱附（212.22 kg/m^3）、化学淋洗（35.83 kg/m^3）和化学氧化（27.78 kg/m^3）相比，碳排放强度具有明显优势。

图 2-5　长城化工厂地块可持续风险管控与景观提升示范工程

2.4　产学研用转化情况

2.4.1　节能高效热脱附技术转化

有机污染场地智能化控制的原位燃气热脱附装备主要采用天然气为燃料对污染土壤进行加热，涉及天然气的输送、点火和控制。与国内外其他同类装备相比，该技术主要有以下特点：①研发了加热装置的伺服节能控制系统、热量分流装置，并集成了尾气余热利用系统，降低了能耗。②优化了加热井、燃烧室的结构，提高了热量利用率。③研发了燃烧器控制装置及配套的电路系统，提高了安全性。④研发了燃烧器自供电系统，无须外接电源，减少了冗余线路，提升了安全性和施工便利性，同时降低了能耗。⑤热脱附气相抽提设备能够适应国内区别于国外的大型污染项目场地，适合含水量高的土壤抽提，抽提设备设有故障自我诊断功能和风机保护措施。⑥在原位热脱附系统内所有设备均达到模块化、集成化、智能化、自动化，完全实现统一协作自动控制。⑦原位燃气热脱附成套设备，相比进口设备成本降低 50% 以上。

在首钢焦化厂（绿轴）地块原位燃气热脱附中试项目和首钢焦化厂（绿轴）地块污染土壤修复工程施工中，完成预定处理目标。施工期间未产生二次污染，应用效果较好。技术 / 装备包含授权专利 16 个，其中发明专利 1 项，实用新型专利 15 项；计算机软件著作权 2 项。

2.4.2 智能精准高效注射修复技术

典型化工类污染场地修复关键技术与应用项目构建了技术筛选－工程技术优化设计－技术集成－修复工程示范－效果评估综合集成解决模式，该项目开发了高效活化、分层注入和精准修复的化学氧化新技术，研制了车载式注入应急装备、高压旋喷系列工程化装备，提高了原位化学氧化土水协同修复的施工效率和经济性。研制了国内大型土壤淋洗修复装备，实现了增溶洗脱和浓缩减量化，填补了国内在该领域的空白。自主研发模块化、集成化 / 双能源、撬装式的直接 / 间接热脱附技术与设备，实现了热处理的高效低能耗脱附和高温烟气余热回用，能耗成本降低 30% ～ 40%。开发了适用于场地开发周期短的常温解吸、异位 SVE 等高效异位修复技术，强化 SVE 系列工艺及装备见图 2-6。

项目成果应用于北京化工二厂、南京化工厂、南通姚港化工退役场地等 20 多个化工类污染场地治理工程，治理土方量为 415 万 m^3，修复后场地有机污染物含量均达到相关标准要求。

资料来源：典型化工类污染场地修复关键技术与应用——2019 年度环境技术进步奖提名书。

图 2-6 强化 SVE 系列工艺及装备

2.4.3 低渗透地层高压劈裂注射技术

"六价铬污染场地原位高效化学还原绿色修复技术研发与应用"构建基于高压空气劈裂强化精准原位高效化学还原的低渗透地层六价铬污染场地水土一体化绿色修复技术。该技术一方面增强药剂精准注入，扩大药剂扩散半径；另一方面借助气劈作用在低渗透地层增大扩散通道，扩大药剂接触反应范围。从而起到节约药剂使用、降低修复成本、提高反应效率、增强注入反应精确度等作用。

研究成果已在天津市典型铬污染场地完成现场中试，对低渗透、非均质地层高浓度铬污染土水一体化修复效果好。研究成果对于京津冀等华北地区典型低渗透、非均质地层条件具有普遍适用性，对于同类地层条件下的六价铬污染场地水土一体化高效、精准、节能修复提供较好的科学技术支撑和推广应用基础。

资料来源：六价铬污染场地原位高效化学还原绿色修复技术研发与应用——科学技术成果鉴定证书。

2.4.4 大型复杂污染场地绿色修复与可持续风险管控

大型复杂污染场地绿色修复与可持续风险管控关键技术及应用构建了面向大型复杂污染场地绿色修复和可持续风险管控的绿色修复 - 监控预警 - 污

染防控 – 弹性管控 – 价值提升关键技术体系和集成应用模式，该技术开发了适合国情的基于可持续科学理论的大型复杂污染场地修复管控与土地开发评估技术体系工具。开发了修复施工二次污染监控预警平台，实现了基于实时监控硬件系统和恶臭溯源 – 模拟 – 评估的三维可视化二次污染监控预警能力。研制了高效抑制恶臭扩散关键技术设备，实现农药场地恶臭抑制率达到 99.9%。研发了绿色修复核心技术装备，其中高效节能原位燃气热脱附大规模集成技术使能耗成本降低 30% ～ 40%；绿色原位化学氧化修复材料与技术装备组合有效缓解了拖尾现象；低渗透地层高压劈裂强化修复集成技术装备将修复效率提高了 1.5 倍（图 2-7）。

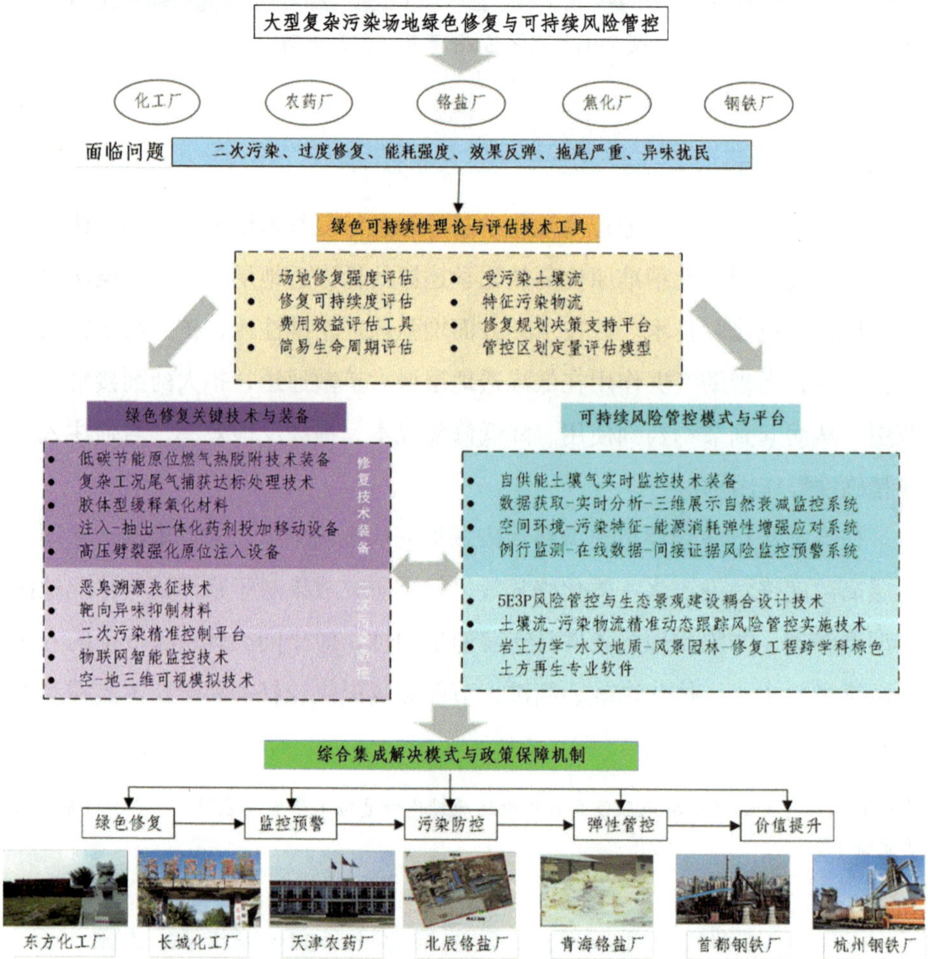

图 2-7 大型复杂污染场地绿色修复与可持续风险管控技术路线

资料来源：大型复杂污染场地绿色修复与可持续风险管控关键技术及应用——2021 年度环境技术进步奖提名书。

大型复杂污染场地绿色修复与可持续风险管控应用于东方化工厂、天津农药厂、杭州钢铁厂等20余个项目，修复受污染土壤约280万 m^3、地下水35.4万 m^2；管控受污染土壤约500万 m^3、地下水175万 m^2，修复和管控后场地环境风险均达到预期要求。

2.4.5 废弃矿井深层修复精准低碳修复

废弃矿区污染精准源清除及全过程环境风险管控关键技术与应用创建了基于应急调查、综合物探和模型预测的较完善的地下污染快速识别技术方法体系，开发了复杂矿井条件下帷幕注浆阻隔风险管控技术，形成复杂矿井内超深污染源精准清除系统（图2-8）和废弃矿区污染物非法倾倒生态环境损害评估与司法实践关键技术支撑体系。

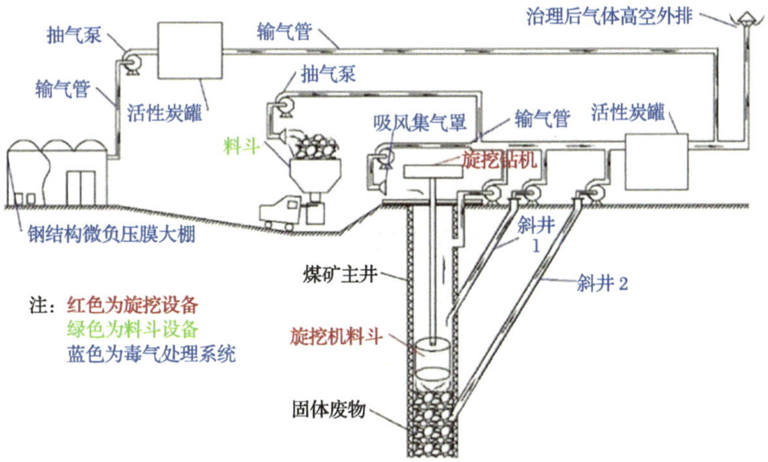

图2-8 超深污染源精准清除系统

资料来源：废弃矿区污染精准源清除及全过程环境风险管控关键技术与应用——2023年度环境技术进步奖提名书。

废弃矿区污染源精准清除及全过程环境风险管控关键技术应用于济南章丘上皋煤矿、广饶甄庙填埋场、河北武安应急处置等20余例废弃矿区及其他类型污染场地治理工程，治理污染地块面积近30万 m^2。

2.4.6 场地修复异味高效去除技术

高效低耗的电－热耦合原位化学清除技术。基于2D电－热耦合化学清除实验平台的研究，通过施加直流电场和注入氧化药剂进行处理。结果表明，直流电场可以加速氧化药剂在薄弱点的传输速度，相较自然条件下的传输速度更高。在交流电阶段，该技术能够形成稳定的活化温度场，有效降低由水相变引起的能量损耗。与单一技术相比，电－热耦合原位化学清除技术的去除异味效果最好，可以达到 95% 的去除率，同时对高沸点异味物质的去除效率提高了约 27%。这项技术具有高效、低能耗的特点，为农药污染场地的异味修复提供了一种绿色可持续的解决方案 [图 2-9（a）]。

绿色低碳的空气注入－生物刺激清除技术。通过筛选土著优势菌种并确定适宜的营养盐配比，利用添加营养液刺激土著微生物的方法，在优化实验条件下进行处理。结果显示，该技术对二甲基二硫醚和苯的去除率分别达到 99.76% 和 99.45%，可以满足 85% 的考核指标要求。该技术利用土著微生物的生物降解能力，通过提供适宜的环境条件，实现高效去除异味物质，同时兼具绿色低碳的特点 [图 2-9（b）]。

吸附浓缩－脱附－催化 / 燃烧尾气高效净化技术。通过研发新材料，将贵金属 Pt 纳米颗粒均匀负载于分子筛表面，利用多孔材料的高吸附容量和贵金属的催化活性，实现了低浓度气态污染物的富集和直接催化氧化。该技术采用电磁感应 - 催化氧化系统，在净化床层中实现快速升温，节约电能达到 98.9%，净化率可达到 90% 及以上。吸附浓缩 - 脱附 - 催化 / 燃烧尾气高效净化技术结合了吸附、催化和燃烧等过程，结合新材料的研发，能够有效去除异味物质。

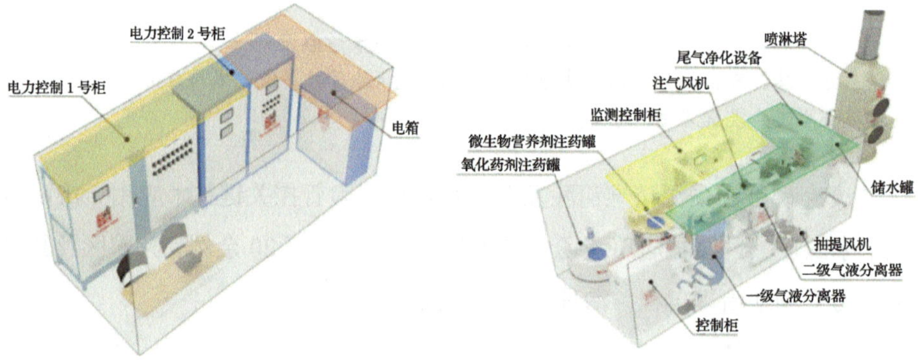

（a）电－热耦合原位化学清除模块化装备　（b）空气注入－生物刺激清除模块化装备

图 2-9　异味清除模块化装备

资料来源：GSR 公开课第三十六讲：农药行业场地异味清除材料与控制技术。

2.4.7 流域尺度可持续风险管控技术

流域重金属污染整体风险管控关键技术及应用完成了多介质大尺度重金属污染精细化调查、重点行业重金属污染源水环境风险评估与控制、流域重金属运移精准模拟与监控预警、生态化可持续风险管控与绿色低碳环境修复等关键技术集成研发，提供了基于生态系统和景观提升的自然解决方案，建立了精细化风险模型－精准化预测预警－系统性管控修复－绿色化解决方案的全过程一体化流域重金属污染整体风险管控模式。

研究成果在长江、黄河、红河、澜沧江、珠江等重要流域开展 10 余项应用示范，搭建监控预警平台 4 个，有力地支撑了云南沘江、南盘江、湖南武水河、广东北江、青海湟水河、山东界河等有色金属采选冶流域重金属污染防控工作，实现铅、砷、镉、锑、锌等重金属削减和污染管控，涵盖流域面积超 7 000 km^2，保障了土地安全利用和人居环境安全，产生经济效益逾 1 000 万元，为耕地土壤重金属污染成因排查、受污染农用地安全利用、流域重金属污染应急响应等环境管理工作提供了重要技术支撑，提升了我国流域重金属污染整体防控水平，取得了显著的环境效益、社会效益和经济效益。

资料来源：流域重金属污染整体风险管控关键技术及应用——环境技术进步奖提名书（2023 年度）。

2.4.8 棕地再生与景观设计耦合技术

“棕地再生理论与关键技术”从风景园林专业视角，创建中国棕地再生体系建设的基础理论和技术框架，开发并在大型棕地再生项目中应用“原场策略——五步推进法”与“异地策略——全周期治理法”，提出了适用于垃圾填埋场封场再生的“五要素 - 三阶段”跨学科合作设计方法体系及基于稳定化评估的建设适宜性决策机制。从地形、水体、植被 3 个方面构建了以“棕色土方”为基础的棕地再生风景园林学术体系。通过多时相 Landsat 遥感影像数据分析，开发了高效可持续的“棕地群”识别技术方法。该成果引领我国区域尺度“棕地群”认知与技术方法体系的建立，并提出区域性更新等宏观规划策略。

“棕地再生理论与关键技术”应用于大兴区建设用地土壤环境状况排查、清水塘工业区土壤精细化调查评估、北京市城市副中心原东方化工厂等 10 余个项目，为我国污染场地风险管控与生态景观设计的跨学科实践路径提供了新思路。

资料来源：棕地再生理论与关键技术及应用——2022年度中国风景园林学会科学技术奖申报书。

2.5 研发小结

2.5.1 本章结论

1）2023年宏观政策为绿色低碳环境修复发展提供了坚实支撑，如“美丽中国”理念持续扩大影响力，《减污降碳协同增效实施方案》持续推行和实施，《公民生态环境行为规范十条》使绿色低碳行为拓展至百姓生活，“大气与土壤、地下水污染综合治理”重点专项机制鼓励绿色低碳研发，政府部门在政策上引领农业生产、生态修复、地块治理、企业改造等多方面践行绿色低碳理念并保障逐步发挥作用。

2）近10年科技研发为绿色低碳环境修复发展提供了理论基础，在我国发展战略中融入绿水青山就是金山银山理念，绿色低碳环境修复科技研发的投入在“十三五”和“十四五”期间得到了高度重视，同时我国借鉴世界发达国家经验，在修复材料、技术、装备方法等方面积极探索，部分材料、技术和装备已经在不同地区的地块案例开展了先行先试，为绿色低碳环境修复提供应用示范。

3）科技团队技术帮扶为绿色低碳环境修复落地提供了促进条件。“十四五”期间，生态环境部组织以部直属单位为主的科研队伍对示范区域开展重点工作的技术帮扶，包括对13个土壤污染防治先行区、21个地下水污染防治试验区和26个农业面源污染治理的监督指导以及对在产企业隐患排查、大型复杂污染场地治理的技术指导，引导地方运用绿色低碳相关技术。

4）环保意识提升为绿色低碳环境修复推广提供了生长环境。随着《土壤污染防治法》的实施，地方上各行政机关充分重视环境污染修复，探索开展规划、调查、评估、修复、开发等阶段的全过程二次污染防治，为倡导绿色低碳环境修复提供了先决条件。

2.5.2 提升建议

1）进一步激励和促进科技研发创新主体的原生动力。加大在自然恢复过程与人工修复作用下的土壤和地下水中污染物迁移、转化规律等理论方法的基础研究投入，强化在土壤和地下水复合污染治理、风险管控和绿色低碳环境修复领域的科研指导和系统规划。同时攻关关键技术材料和装备研发，鼓励从业单位聚焦风险管控和绿色低碳环境修复中的关键问题，提升材料的效能，研制低排放和低能耗修复装备。

2）进一步加强问题导向和面向需求的科技研发立项。面向大型复杂污染场地，开发基于整体性、系统性和长效性的管控和修复技术，并探索与之适应的监管、预警模式，融入景观优化、生态恢复等绿色发展新理念，建立协同治理和智慧修复等绿色可持续净土模式。面向新污染物治理，探索新污染物生物有效性与环境基准，研发土壤污染的长效稳定 / 转化 / 去除和生物降解功能材料，建立新污染物环境风险管控机制。面向异味防控和治理修复，摸清对人体健康及生态系统的危害机制，强化异味控制材料与技术研发，产出典型的异味消除或控制示范工程，形成可操作技术体系。

3）进一步打通研发成果的产学研用的示范推广通道。目前修复工程中专业设备的应用程度较低，在线视频监控设备、二次污染防控设备等尚未得到普及。一方面应借鉴国外设备研发路径，加大国内设备研发投入，攻克技术瓶颈，形成可操作、易管理、有实效的应用示范；另一方面应出台相关政策，鼓励和促进专业设备的推广和大规模应用。

4）进一步鼓励和引导大数据技术等应用于修复行业。运用机器学习、人工智能等手段，协助解决场地调查和修复中的污染源溯源、修复技术选择、材料定量及复杂问题诊断等技术难点。如开发基于大数据驱动的场地污染风险识别方法和耦合区域环境要素污染风险预测方法，通过大样本的计算提供先验规律，在能源精准化供给和修复材料施用中提供可靠技术支撑。

参考文献

[1] 骆永明，滕应．中国土壤污染与修复科技研究进展和展望 [J]. 土壤学报 ,2020,57(5):1137-1142.

[2] 韩颖，邓璟菲，高铭晓，等．污染地块绿色可持续修复的国际进展及我国的发展路径分析 [J]. 环境保护 ,2023,51(Z1):62-67.

[3] “大气与土壤、地下水污染综合治理”重点专项 2023 年度项目申报指南，2023.

[4] 生态环境部办公厅．关于促进土壤污染风险管控和绿色低碳修复的指导意见，2023.

[5] T/CAEPI 26—2020, 污染地块绿色可持续修复通则．

[6] 中华人民共和国，科学技术部科技部．关于发布国家绿色低碳先进技术成果目录的公告，2023.

[7] KAYAN A B.Conservation plan and “green maintenance” from sustainable repair perspectives[J].Smart and sustainable built environment,2015,4(1):25-44.

3

绿色低碳环境修复技术应用年度进展

Annual progress in the application of green and low-carbon environmental remediation technologies

发达国家的环境修复技术在20世纪90年代后基本成熟。目前发达国家的修复技术整体上向基于自然的解决方案、强化修复效果的微观机理、绿色低碳的修复技术、监控自然衰减和长期动态监控、韧性修复技术等方向发展。在美国，信息技术资源中心（ITRC）和美国联邦技术圆桌会议（FRTR）等组织，一直致力于修复技术的改进和推广应用服务。其他国家（如澳大利亚等）也启动了国家修复战略框架等，系统组织和推进修复技术研发和管理制度健全等工作。

我国的环境修复技术、装备、材料等应用规模不大，高精尖技术少，专业修复技术装备应用不普遍，且依赖进口，国产技术装备的普及率低。很多情形下，建筑土方施工、岩土工程钻探、固体废物处理处置、农业生产加工等机械装备和技术被直接用于环境修复工程实施。

3.1 环境修复技术年度进展

（1）国际环境修复技术发展趋势

国际上，环境修复技术正在经历一个快速的变革期，尤其是在土壤、地下水、底泥、海岸和流域治理修复方面，发达国家（如美国）在这一领域取得了显著的进展。这些进展体现在通过综合应用物理、化学、生物等多种修复技术，以及有效结合原位和异位修复策略，形成了一套较为成熟且高效的环境修复技术体系。EPA作为环境修复技术研究和应用的先驱，于2020年在FRTR发布了第四版技术汇总表，该表不仅涵盖了广泛的修复技术，从传统的物理化学方法到新兴的生物修复技术，还包括最新的研究成果和案例分析，为环境修复技术的选择和应用提供了极为宝贵的参考。FRTR针对土壤、沉积物修复治理整理了原位生物修复技术、原位物理/化学处理、原位热处理、异位生物处理、异位物理/化学处理、异位热处理、封存技术及其他技术等8大技术，具体涉及生物通风、土壤淋洗等28项具体技术；针对地下水、地表水、渗滤液修复治理整理了包括原位生物修复技术、原位物理/化学处理技术、异位生物处理、异位物理/化学处理、封存技术以及气体散发/尾气处理等6大技术，膜分离等31项具体技术（图3-1）。

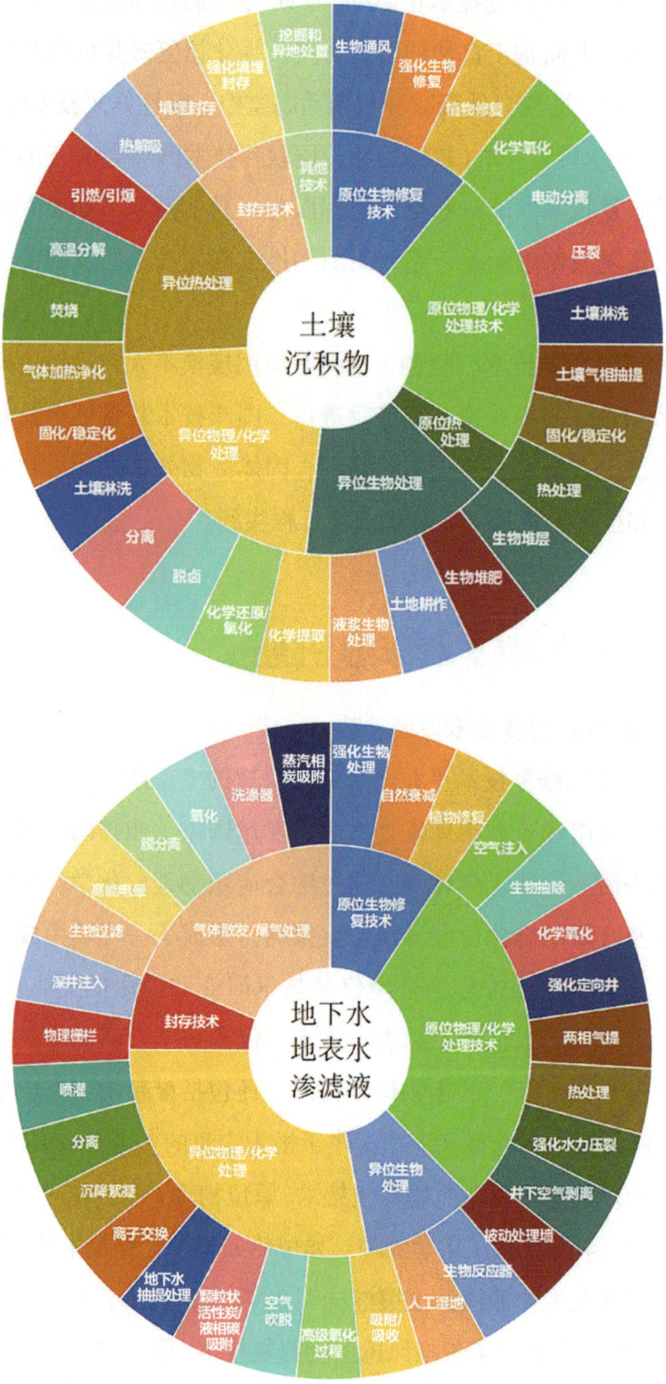

图 3-1　FRTR 生态环境修复技术汇总

以美国为例，2023 年发布的《超级基金修复技术报告》（第 17 版）对 1981—2020 年的 3 409 个超级基金场地进行了全面的统计分析。报告显示，在过去的 40 年里，原位修复技术和异位修复技术在场地治理中的应用基本持平，成为处理污染场地的主要技术手段。这 2 类技术的应用比例相对较高，展示了它们在环境修复领域的重要地位。报告指出，自然监测衰减等技术在所有修复技术中的占比相对较低，低于 10%，并且未显示出明显的变化趋势。这可能反映了自然衰减技术在某些场地修复中的局限性，或是对其效果和适用性的谨慎评估。制度管控技术呈现出明显的上升趋势，特别是在 2000 年以后，其应用占比超过了原位修复技术和异位修复技术，成为目前应用最广泛的管理技术。这种变化可能与环境管理观念的转变、长期环境风险管理需求的增加以及可持续发展目标有关。《超级基金修复技术报告》不仅展示了美国在环境修复技术应用方面的历史轨迹和现状，也反映了环境修复领域技术应用和管理策略的演进。随着对环境修复技术效率和效果的不断追求，以及对环境保护法规的日益重视，预计未来环境修复工作将更加注重综合管理和创新技术的应用，以实现对受污染场地更有效、更可持续的治理（图 3-2）。

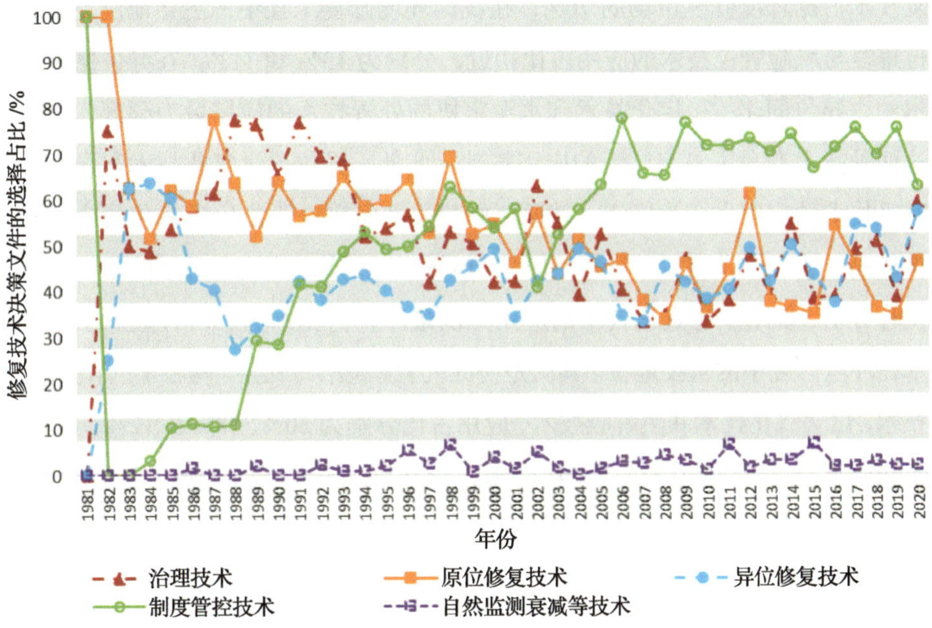

图 3-2 《超级基金修复技术报告》的选择趋势

资料来源：Superfund Remedy Report, 17th Edition。

（2）国内环境修复技术发展阶段

近年来，我国在环境修复领域，特别是在修复技术、装备、材料以及配套修复模式等方面开展了一系列的研发工作，但修复工程实际的技术应用效果并不理想。我国成功引进了国际上20世纪90年代成熟的修复技术装备，并在国内逐步消化、吸收并利用这些技术。特别是在一些大型修复工程现场，国产修复技术装备的应用比例正在不断提升。2023年，科技部发布《国家绿色低碳先进技术成果目录》，收录了6个领域的85项技术成果，其中共涉及6项土壤修复相关技术，包括有机污染场地原位化学氧化和智能化控制修复技术、复杂污染场地高压旋喷注射—原位化学氧化成套修复技术、焦化类污染场地土壤风险评估技术、多种重金属污染土壤同步固化/稳定化修复技术、高频声波振动钻进取样装备及技术、重金属污染土壤芦竹修复及生态板材制造技术。这些技术为当前和未来的生态环境治理和碳减排提供了新的解决方案，为推动我国生态文明建设和绿色低碳转型提供了重要支持。

据统计，2006—2023年含有修复技术的项目案例共计560个，其中354个项目采用了单一修复技术，206个项目采用了多种技术进行联合修复。上述统计数据显示了我国环境修复技术应用的现状。在技术应用方面，异位修复技术占据环境修复市场的76%，在我国环境修复工程中占主导地位。而原位修复与风险管控技术的应用占比相近，分别为13%和11%。在异位修复技术中，异位固化/稳定化技术和水泥窑协同处置技术的应用最为频繁，表明这两种技术在我国具有广泛的应用基础。此外，异位化学氧化技术和异位热解吸技术的应用也较为广泛。就原位修复技术而言，原位化学氧化的应用频次较高，占比约为7%。若忽略原位与异位的区分，从技术应用的角度进行统计分析，固化/稳定化技术的应用频次最广，占比约为22%，显示了该技术在环境修复中的重要地位。其次是协同处置（包括砖瓦窑、陶粒窑、水泥窑）技术、化学氧化技术和热解吸技术，应用占比分别为20%、18%和12%。当前，生物修复技术在我国的应用市场尚未充分开发，占比仅为1%，这也预示生物修复技术在未来具有较大的发展潜力和应用空间（图3-3）。

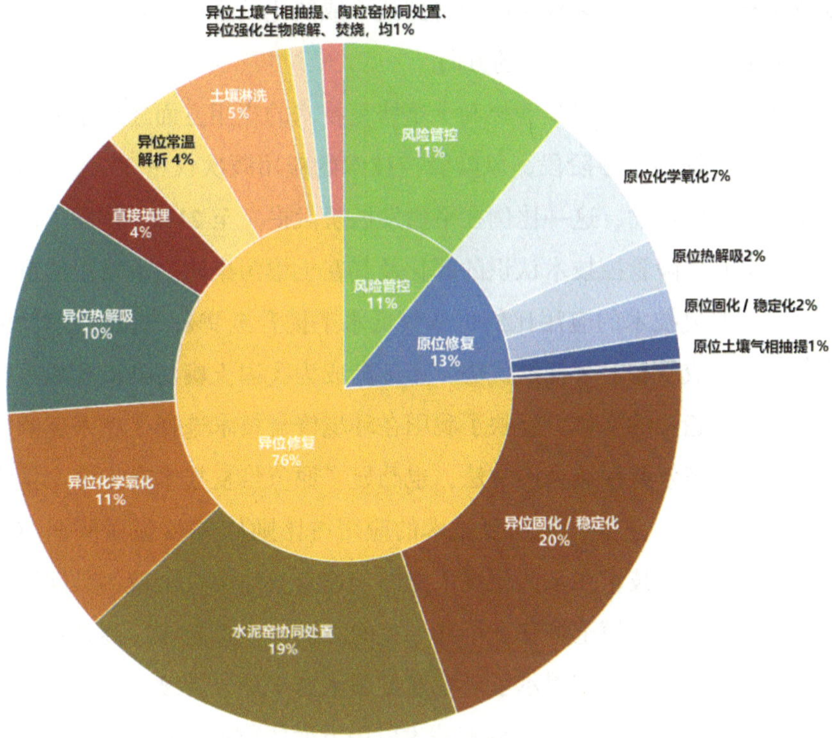

图 3-3　2006—2023 年我国污染地块修复技术应用

从发展趋势来看，1980 年，中国开始发展土壤修复技术，但基本处于实验阶段（Teng et al.，2014）。为支持农业土壤污染治理和工业企业发展，2007 年及以前，主流修复技术及风险管控技术主要为阻隔或填埋技术，其次为固化/稳定化、水泥窑协同处置技术，且各修复项目应用的修复技术较为单一。2008—2009 年，水泥窑协同处置技术在纳入统计的污染地块修复项目中占主导地位。2010—2016 年，国内应用的修复技术变得多样化，包括固化/稳定化、常温解吸、土壤蒸汽抽提（SVE）/ 多相抽提（MPE）、生物修复与自然衰减、土壤淋洗、热脱附 / 热解吸等技术，根据场地污染类型和污染情况得到应用，其中固化 / 稳定化技术的应用居于首位。2016 年以后，随着对地块风险管控管理的规范化，各类修复技术应用趋于成熟，固化 / 稳定化技术的应用呈现下降趋势，而成本较低、技术相对简单的阻隔 / 填埋技术应用呈增加趋势。同时，受到房地产开发周期短等因素的推动，水泥窑协同处置技术再次成为主流的土壤治理修复技术之一。这一发展趋势反映了我国土壤修复技术从初步探索到多样化应用再到技术成熟化的全面进步，同时也显示当前和未来土壤修复技术发展的方向。

整体而言，我国在风险管控和土壤修复技术的应用方面经历了显著的变化和发展。早期的萌芽阶段，风险管控技术的应用频次仅占 7%，但随着技术进步和政策的推动，这一比例在平稳发展阶段提高至 21%，体现了市场以及从业人员对风险管控技术认识的深化及其在土壤污染防治策略中的重要性提升。原位修复技术的应用比例也从较低水平提升至 9%，这种技术凭借对环境干扰小、成本相对较低的优势，正逐渐成为我国土壤污染治理的重要手段之一。这一趋势的变化，反映了我国在环境修复技术选择上越来越倾向于环境友好和经济效益相结合的方法，也凸显了原位修复技术在未来土壤修复领域的应用潜力。土壤异位修复技术的应用占比则从 93% 显著降至 70%，表明虽然异位修复技术在某些情况下能够快速有效地解决土壤污染问题，但由于其高成本、大规模土壤移动可能导致的二次污染等问题而逐渐被原位修复技术所替代。这一转变揭示了环境修复领域对于更可持续、经济高效的修复策略的追求。2023 年在土壤修复技术应用方面的数据反映了本年度水泥窑协同处置和异位热解吸、异位化学氧化仍然作为主要的修复技术，均占据了 15% 以上的比例。这表明这些技术在处理特定类型的污染土壤中仍具有重要地位。然而，风险管控和原位修复技术的应用比例分别为 4% 和 9%，相对较低的比例反映出这些技术在当前的环境修复项目中的应用仍面临一些限制。这可能与技术成熟度、成本效益、政策支持和市场认知等因素有关，需要进一步的技术创新和政策引导以促进其更广泛的应用（图 3-4）。

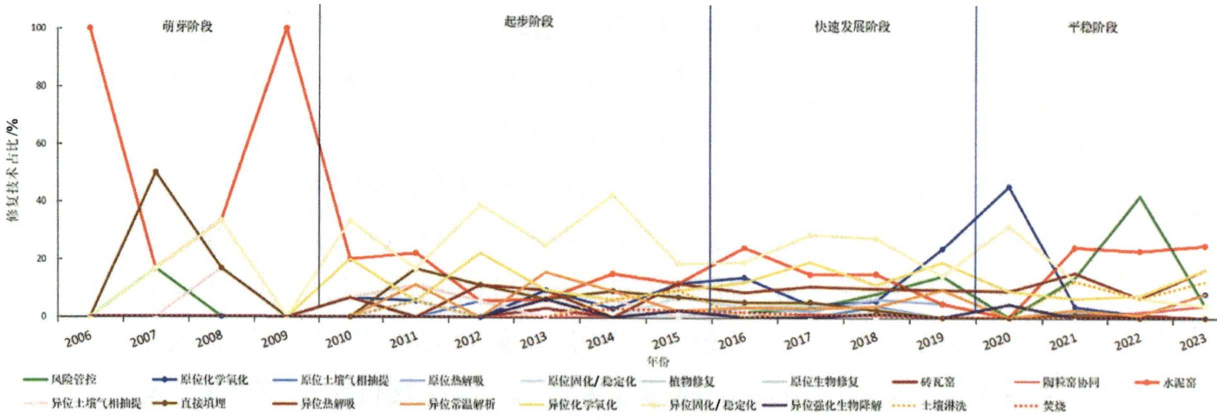

图 3-4　我国土壤修复技术应用占比

目前，土壤修复仍存在两个方面的问题，一是修复技术装备应用的专业水平仍然较低。虽然《土壤污染保护法》实施后，专业水平有所提高和改进。但由于国内没有大规模推广最佳管理实践（BMPs）和技术装备材料应用许可制度等，仍然存在修复二次污染控制不到位，修复效果长期稳定达标不可靠，修复后残余风险物质识别管理不到位等问题。二是新型修复技术推广受到修复模式影响巨大。最突出的就是水泥窑混烧长期占据主流修复技术，而相对温和和低扰动的修复技术应用由于工期长、价格高、管理要求强等问题，难以推广，且缺少鼓励和激励绿色低碳环境修复技术应用的具体可落地政策模式（图 3-5）。

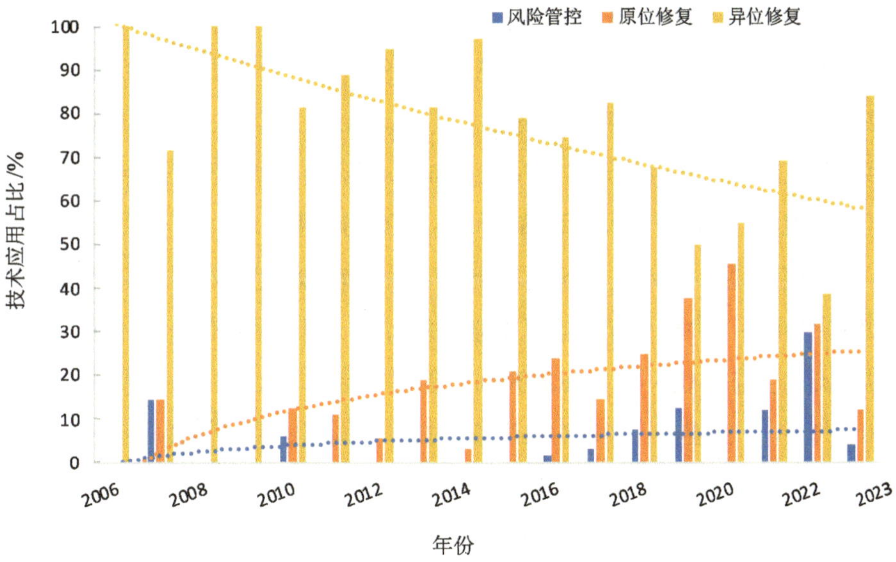

图 3-5　2006—2023 年我国污染地块修复技术整体变化情况

3.2　环境修复技术评估年度进展

（1）国际上针对绿色可持续修复评估已经较为成熟

国际上绿色可持续修复框架主要分为 3 类：①以 SuRF 为代表的可持续修复框架；②以 EPA 为代表的绿色修复框架；③以美国州际技术与管理委员会为代表的绿色可持续修复框架。

1）可持续修复：2006 年美国成立 SuRF，于 2009 年发布《可持续修复白皮书》，并于 2011 年陆续发布《可持续修复框架》、《修复行业足迹分析和生命周期评估导则》等系列文件，提出了场地修复全过程贯穿可持续的理念，推荐采用生命周期评估、足迹分析等方法对污染场地修复开展可持续评价，并发布了 SuRF 可持续评价矩阵工具包。随后，在英国、加拿大、澳大利亚、意大利、荷兰等国家相继成立了 SuRF 机构并发布了各自的可持续修复指南或导则。英国可持续修复论坛（Sustainable Remediation Forum-United Kingdom, SuRF-UK）于 2010 年发布了《土壤和地下水修复可持续性评价框架》，并于 2021 年进行更新。建立了项目规划阶段和修复实施阶段两阶段的可持续修复综合决策框架，提出了定性 - 半定量 - 定量的层次化评价体系，指导和推动了新西兰和澳大利亚的 SuRF 组织 SuRF-ANZ 及国际标准化组织（ISO）可持续修复体系或标准的建立（ISO, 2017）。2013 年，欧洲污染场地共同论坛（Common Forum on Contaminated Land）和欧洲工业污染土地网络（NICOLE）也发表了关于可持续修复的联合声明。

2）绿色修复：EPA 基于超级基金法案，为节约修复成本、提高修复效率，从 2010 年前后大力倡导绿色修复策略，发布了《超级基金修复技术报告》，围绕土地 / 生态系统、材料与废弃物、能源、空气 / 大气、水五大核心要素提出了 21 个评价指标，并针对典型修复技术分别制定了最佳管理实践手册。基于该绿色修复战略，EPA 又发布了环境足迹分析七步法和可持续环境足迹评估（Sustainable Environmental Footprint Assessment, SEFA）工具，用于指导产业界开展绿色修复评估。该体系大力推动了美国绿色修复技术和最佳管理实践的发展，形成了绿色修复技术评估框架，联合标准化组织（ASTM）推出了《绿色修复标准导则》，推动了绿色修复的标准化进程。

3）绿色可持续修复：绿色可持续修复框架主要由美国的 ITRC 推动，综合了绿色修复和可持续修复的关注指标，于 2011 年分别发布了《绿色可持续修复：实践框架》和《绿色可持续修复：理论与实践现状》两份指南，针对绿色可持续修复的概念提出了五步法的评估框架，即更新概念模型，建立目标，利益相关方参与，选择方法矩阵和 GSR 评价层级，记录 GSR 工作。

评估工具的开发也成为不同国家或机构关注的重点。目前研发的SimaPro软件、GaBi软件、EIO-LCA软件均可对场地修复整个生命周期输入、输出及潜在环境影响进行评估以及对各类污染场地治理处置技术的碳排放量进行量化分析和比较，在一定范围内为污染场地技术的选择提供一定的科学数据及理论依据。此外，碳排放核算软件也在修复场地应用较多，如欧盟（比利时）1984年推出BATNEEC（Best Available Technology Not Entailing Excessive Costs），该工具可用于估算向其他环境的直接排放。EPA 2008年开发的OSRTI工具作为分析美国超级基金场地能源消耗、能源成本和二氧化碳排放的分析模型。美国空军工程与环境中心（AFCEE）开发SRT（Sustainable Remediation Tool）推出的土壤修复核算工具，该工具以Microsoft Excel软件为平台，包括8种常用修复技术的环境足迹：开挖修复、土壤气相抽提、抽出处理、原位生物降解、热处理、原位化学氧化、渗透性反应墙、长期监测。SRT量化了一系列可持续指标，包括温室气体排放量和能源消耗等。EPA基于Microsoft Excel形式开发SEFA，用于分析场地修复项目的环境足迹，评价指标包括能源消耗、温室气体排放、空气污染物排放、材料使用、废弃物排放等，并对其他环境影响进行定性分析。EPA在2014年对SEFA进行了更新，并在2019年更新的3.0版本中加入了新的默认足迹转换系数，用于额外的材料、各种尺寸的柴油或汽油发动机以及实验室分析。SiteWise™工具是由美国海军设施与工程司令部、美国陆军工程兵团和美国巴特尔纪念研究所联合开发的独立工具，评价指标包括温室气体排放量、空气污染物排放量、能源消耗等。SiteWise™工具以Microsoft Excel软件为基础，采用模块核算方式，对场地调查、修复工程实施、后期监测等环节进行单独计算，有助于识别产生最大环境足迹的修复阶段。EPA污染预防计划（P2）开发的GHG计算器，旨在实现量化温室气体减排量，计算减少化石能源使用、增加可再生能源及绿色燃料使用、材料管理等措施减少的相关温室气体排放量。该工具使用美国气候登记处提供的排放因子进行计算，EPA定期更新工具中使用的排放因子。荷兰Tauw公司开发的二氧化碳计算器，可以选择以下修复方案：土壤开挖、地下水抽出处理、地下水净化、曝气、土壤气相抽提、多相抽提、原位化学氧化、生物刺激、热修复（原位）及长期监测。

在GSR评估工具方面，概念是基础，评估是关键，实践是目标。国际上GSR的评估方法和工具在朝两个方向发展，一是精细化定量评估方向，如EPA提倡的LCA、CBA、环境足迹计算表格等；二是简化的高效评估方向，如日本、荷兰、英国、瑞典、澳大利亚等，更加倾向于实用、简化的GSR评估工具和方法；还有一种实用的专业化评估软件方向，如Sitewise软件、REC和CBA电子表格等，提供了一种更加简洁、集成和便利的评估工具（图3-6）。

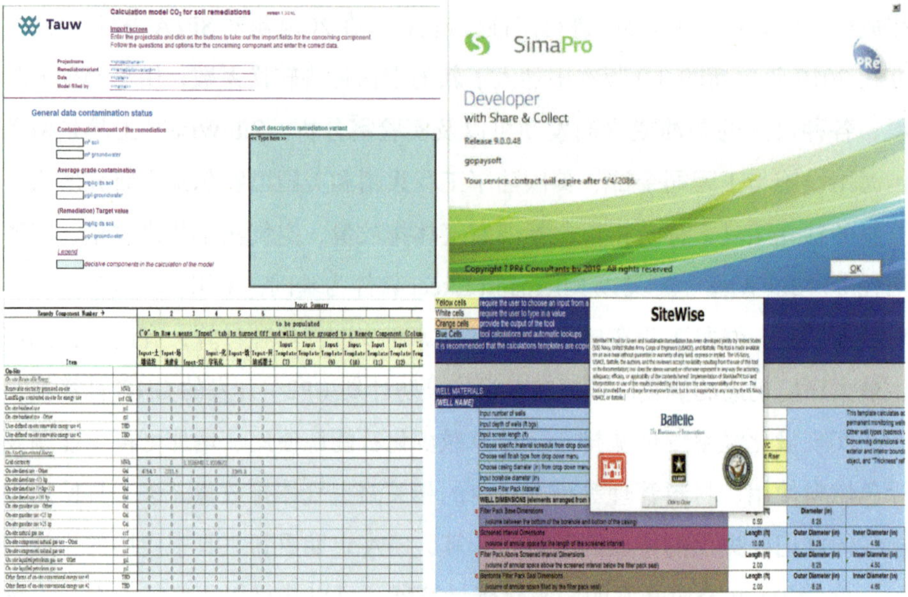

图3-6 部分碳足迹评估软件及界面

（2）国内环境修复绿色可持续评估处于萌芽阶段

中国的科研机构和企业已开始关注环境修复评估方法和工具的研发。当前我国还没有成熟的评估软件供从业人员使用，预计 2024 年将发布首个针对污染场地修复全生命周期碳排放的速算软件。同时，我国正在研究基于费用效益分析 CBA-SCBA-ICBA 方法的修复评估决策方法和工具，逐步优化 CBA 的环境经济学基础和模型参数，从而推动定性、半定量和定量评估的决策方法矩阵数据库建设。在案例评估方面，已有研究团队针对京津冀等重点区域做了环境修复碳排放的相关探索，也有通过 Simapro、SiteWise 和 SEFA 等工具对我国的污染场地进行全生命周期的碳核算，如广东钢铁厂污染场地（Song et al., 2018）、山东的氰化物污染场地（桑春晖，2024）和云南省怒江州污染农田修复（肖萌，2023）等案例。

国内在环境修复的 GSR 规范标准仍需完善。当前 GSR 规范标准以行业自发的参考标准居多，通常以概述性、原则性、框架性为主。发布的标准导则数量相对有限，内容形式较为初级，仍以技术评估、二次环境影响评估、修复方案筛选评估为主要目的，与欧美以案例评估，全过程综合评估，一次、二次、三次影响评估整体考虑的阶段具有较大距离。但我国相关部门和机构也正在努力构建更系统、更完善的标准体系，近年来推动了一系列评估指南的制定，基本涵盖了环境修复项目的规划、实施、监测和评估等各个阶段。其中发布的《污染地块绿色可持续修复通则》（T/CAEPI 26—2020）以及正在编制的《绿色低碳环境修复工程评价技术指南》《土壤污染修复绿色可持续评价技术指南》等，将会为我国环境修复绿色可持续评估工作提供更为有力的技术支撑。

此外，为了推动评估方法和标准的实际应用，我国正计划和组织开展一系列示范案例评估。通过这些示范案例的实施，既可以验证评估方法和工具的实用性和有效性，也可以进一步完善和优化评估指标体系和程序，为未来相关评估方法和标准的广泛推广和应用奠定了坚实的基础。这些评估示范案例的成功将为我国环境修复领域的绿色可持续发展提供有力的示范和引领，促进环境修复工作向着更科学、高效、绿色可持续的方向发展。

3.3 基于技术的修复工程碳足迹

环境修复项目的碳足迹评估具有重要意义。核算与评估我国环境修复的碳足迹不仅能为行业优化和管理提供依据，更是应对全球气候变化挑战、推动绿色低碳发展的重要途径。

（1）评估对象和目标

评估对象为基于技术的土壤修复工程，目的是核算我国在过去 20 多年污染土壤修复治理过程中的碳排放量。评估的主要目标是通过量化分析，揭示不同修复技术和工程实施过程中的碳排放特性，识别修复行业碳排放的空间分布进而评估各种修复技术的环境影响和碳足迹。此外，评估还旨在通过对比分析，探索降低环境修复工程碳排放的可能途径和措施，为行业优化和绿色技术创新提供科学依据。

（2）评估方法和路线

为估算我国土壤修复活动产生的碳排放量，本书构建了修复土方量与每单位土方量产生的碳排放因子之间的函数关系。鉴于直接获取我国土壤修复的总土方量数据存在难度，研究依托 443 个含中标金额及修复土方量的项目数据，计算得出土壤修复活动的单位土方量综合单价。结合过去 20 年的中标统计金额数据，推估出土壤修复的总土方量。每单位土方量产生的碳排放因子，则通过汇总并分析相关文献资料，得出平均值。

（3）数据来源和分析

数据来源涵盖：①污染场地调查报告、风险评估报告、修复施工方案、环境监理报告及修复效果评估报告等官方文档；②相关修复企业提供的修复市场调研数据及项目清单；③招标网站发布的修复项目中标公告。

近 20 年土壤修复项目 1 184 条，以及 1999—2023 年发表的 200 余篇污染场地修复生命周期评估类文献进行数据分析与整理。在这一过程中，获取了 22 个典型土壤修复和管控技术的碳排放因子数据，总计 100 余条。

（4）初步结果和讨论

通过建立修复土方量与修复成本之间的相关关系，模拟了我国污染土壤修复土方量。依据 443 条污染场地修复招投标数据的统计分析，我国修复 1 m^3 污染土壤的成本约为 717 元。截至 2023 年年底，我国土壤修复费用约为 600 亿元，推算出约修复 8 300 余万 m^3 污染土壤。基于统计结果，不同修复技术在碳足迹上存在显著差异。从碳排放因子的角度进行对比，原位修复技术相较于异位修复技术，展现出更加绿色低碳的特性。原位修复技术每修复 1 m^3 污染土壤造成的碳排放约为 0.11 t，而异位修复技术的碳排放量则高达 0.25 t。采用风险管控策略的碳排放量约为 0.14 t。在原位修复技术中，生物修复技术的碳排放因子较低，分布范围为 0.002 ～ 0.04 t/m^3 污染土壤；而在异位修复技术中，气相抽提技术的碳排放因子较低，分布范围为 0.002 ～ 0.6 t/m^3。若不考虑修复技术间的差异，平均而言，每修复 1 m^3 污染土壤的碳排放量大约为 0.22 t。这一数据为评估和选择更为绿色低碳的土壤修复技术提供了关键的参考依据，指明了原位修复技术和低碳排放修复技术在实现环境修复与减少温室气体排放双重目标上的潜力与重要性。

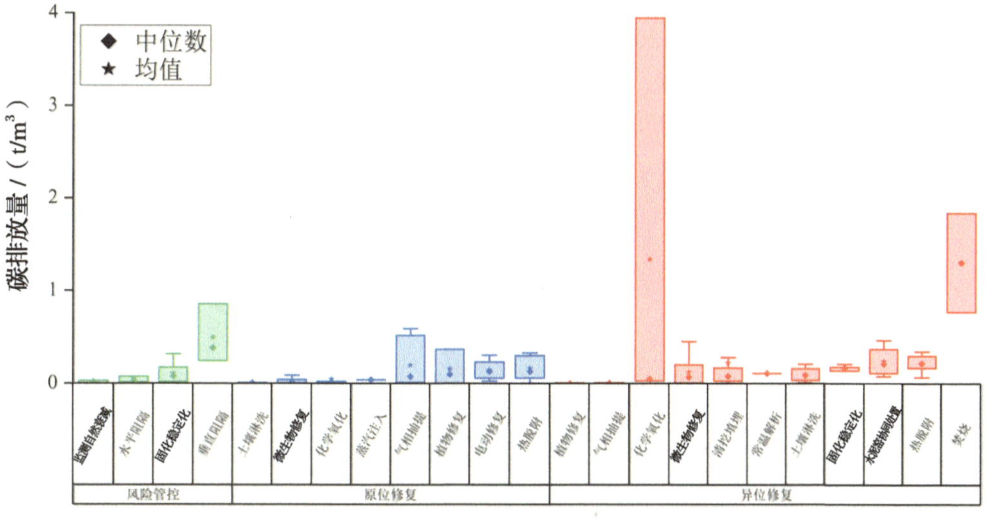

图 3-7　土壤修复功能单元碳排放

结合土壤修复功能单元碳排放（图 3-7），我国污染地块修复产生的碳排放量约 1 850 万 t。2006—2021 年修复逐年碳排放量整体也呈现增大趋势，2021 年以后呈现下降趋势（图 3-8）。修复发展的 4 个阶段中，修复年均碳排放量整体呈增大状态（图 3-9）。从区域角度来看，华东地区开展修复或管控的场地数量较多，产生碳排放约 630 万 t，占比 34%；其次为华北地区、华中地区和西南地区，占比分别为 25%、15% 和 12%。华南地区和东北地区较少，仅占总量的 7% 和 3%。

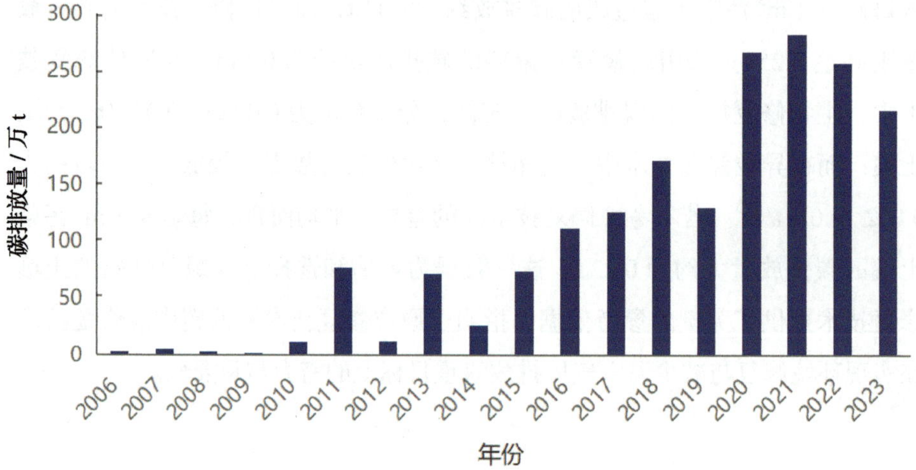

图 3-8　2006—2023 年污染地块修复逐年碳排放

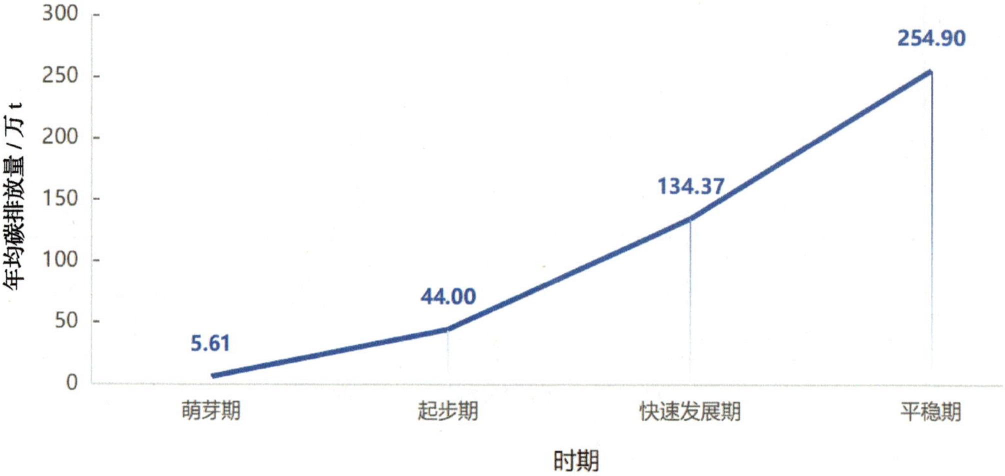

图 3-9　不同阶段我国污染地块修复年均碳排放

3.4 技术小结

3.4.1 绿色低碳环境修复技术研发应用和推广任重道远

绿色低碳环境修复技术的研发、应用与推广是实现环境可持续性的关键途径，为推动我国绿色修复技术创新、智能修复装备升级、绿色材料研发工作，需要政府、从业机构、重点企业及科研人员四位一体，共同努力。政府部门需通过制订绿色低碳技术发展的长期规划、提供研发资金支持、落实税收优惠政策等措施，为技术创新和技术应用营造良好的外部环境。行业组织和企业应加强合作，建立技术共享和成果转化平台，促进先进技术的快速应用和规模化推广。科研人员和机构是技术创新的主体，需要持续深化研究，加快绿色低碳技术的研发进程，同时，加强与企业的合作，推动科研成果的实际应用（图 3-10）。此外，还需加强国内外技术交流与合作，借鉴国际先进经验和技术，加速我国绿色低碳环境修复技术的发展步伐。

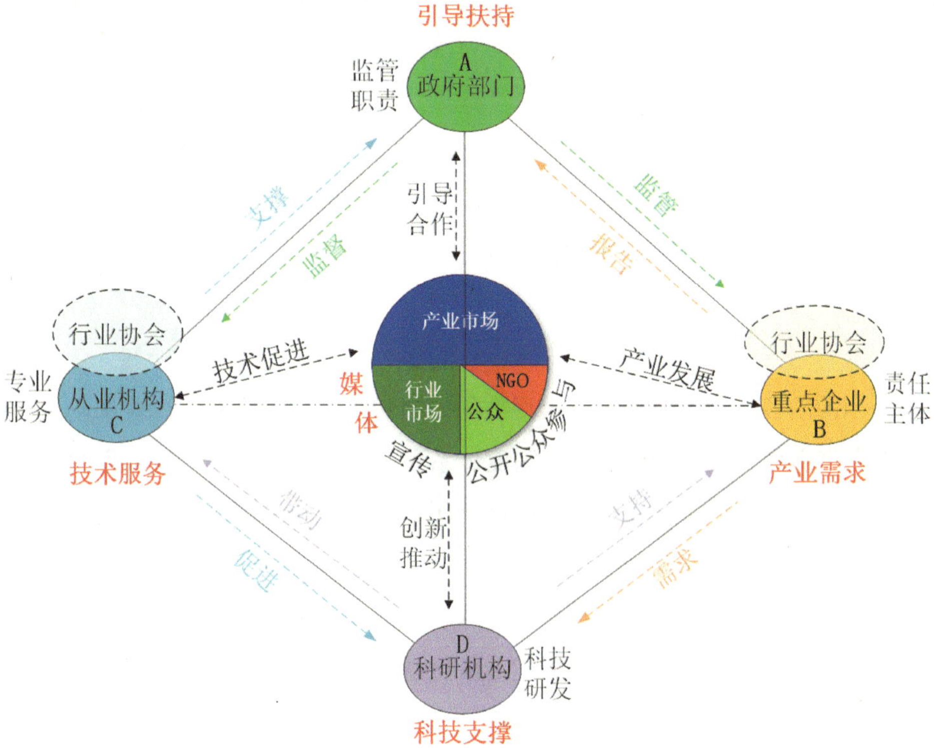

图 3-10　我国土壤污染防治现代化治理体系

3.4.2 修复技术绿色低碳评估方法的需求十分迫切

随着环境修复行业的快速发展，修复技术绿色低碳评估方法的需求变得十分迫切。目前，环境修复领域面临的挑战包括数据基础薄弱、评估边界模糊，评估指标缺失，评估结果的可靠性及不确定性高、缺少行业公认的评估软件工具等。这些问题严重影响了评估的准确性和科学性，制约了绿色低碳技术在环境修复领域的推广应用。提高评估工作的标准化和系统化水平，提升评估工作的效率和准确性，为环境修复项目的绿色低碳决策提供坚实的技术支撑。同时需定期更新评估方法和工具，以适应技术进步和行业发展的需要，确保评估工作始终保持高度的相关性和有效性。

3.4.3 计算修复工程碳足迹在国内意义比较重大

在当前绿色发展和美丽中国建设的大背景下，全面评估环境修复工程的碳足迹在我国尤为重要。随着我国对生态环境保护重视程度的不断升高，相关政策的深入推进和公众环保意识的持续提升，环境修复产业规模和技术水平也在持续提升。通过对环境修复工程进行碳足迹的计算，可以有效地识别和量化修复活动的空间分布和关键节点。碳足迹的评估结果对于引导环境修复产业向绿色、低碳转型具有积极作用，同时为未来的环境修复项目提供可靠的数据支持和科学的决策依据。

3.4.4 促进绿色低碳环境修复技术发展的若干建议

当前阶段，聚焦修复中二次污染的控制和防止过度修复，针对从业人员开展宣贯引导，健全风险管控的制度体系和标准规范，推进修复工程的定量化和设备的专业化，逐步突破目前自上而下的管理和控制，积极探索灵活的土地利用规划与修复管理。

未来 3 ～ 5 年，逐步完善修复的绿色可持续定量评估与考核体系。构建精细化场地污染和评估概念模型，定量化描述可接受风险水平，通过科学监测核算手段量化修复工程的单位能耗、水耗等资源消耗，测算工程实施的节能减排效益与间接环境效益，并通过量化评估结果给予相应激励措施，促进利益相关方有效参与。

长远来看，建议从风险管控和修复工程过渡到智慧再生的一体化过程。

充分利用信息时代智能技术，在土地利用的早期，引入土壤污染动态地图、疑似污染地块“一张图”等，将土地开发规划与场地污染修复密切结合。在设计解决方案时，统筹考虑土地未来规划、污染状况、修复管控技术等，引入土地生态景观设计，在促进污染治理的同时提升生态景观价值，加强与后期再开发的结合。此外，提升修复产业中咨询业的份额比例，积极引入全过程整体解决方案的服务。

参考文献

[1] 肖荫 , 刘瑞平 , 李香兰 , 等 . 基于 SiteWise™ 工具的污染场地修复环境足迹分析 [J]. 中国环境科学 ,2024,44(1):278-287.

[2] 桑春晖 , 杨欣桐 , 张红振 , 等 . 氰化物污染土壤修复工程环境足迹评估方法和案例研究 [J/OL]. 中国环境科学 ,1-11[2024-02-17].https://doi.org/10.19674/j.cnki.issn1000-6923.20240011.001.

[3] 肖荫 , 孟豪 , 董璟琦 , 等 . 农田污染钝化修复环境影响定量评估方法与案例分析 [J]. 中国环境科学 , 2023, 43(7):3571-3581.

[4] FRTR 技术统计：https://frtr.gov/matrix/#MyTable.

[5] Superfund Remedy Report, 17 th Edition.

[6] FAVARA P J, KRIEGER T M, Boughton B, et al. Guidance for performing footprint analyses and life-cycle assessments for the remediation industry[J]. Remediation journal, 2011, 21: 39-79.

[7] SuRF-UK. A Framework for Assessing the Sustainability of Soil and Groundwater Remediation[R]. Contaminated Land: Applications in Real Environments, 2010.

[8] HOLLAND K, KARNIS S, KASNER D A, et al. Integrating Remediation and Reuse to Achieve Whole-System Sustainability Benefits[J]. Remediation journal, 2013, 23: 5-17.

[9] RIZZO E, BARDOS P, PIZZOl L, et al. Comparison of international approaches to sustainable remediation[J]. J environ manage, 2016, 184: 4-17.

[10] BARDOS R, THOMAS H, SMITH J, et al. The Development and use of sustainability criteria in SuRF-UK's sustainable remediation framework[J]. Sustainability, 2018,10.

[11] NICOLE and COMMON FORUM. Risk-Informed and Sustainable Remediation [R]. Joint Position Statement by Nicole and Common Forum. Nicole and Common Forum, 2013.

[12] Smith G, Nadebaum P . The evolution of sustainable remediation in Australia and New Zealand: A storyline[J]. J environ manage, 2016,184: 27-35.

[13] SuRF-Australia. A framework for assessing the sustainability of soil and groundwater remediation [R]. SuRF-Australia, 2009.

[14] ASTM. Standard Guide for Greener Cleanups, 2016.

[15] ITRC. Green and sustainable remediation: a practical framework [R]. The Interstate Technology & Regulatory Council; Washington, DC, 2011a.

[16] ITRC. Green and sustainable remediation: state of the science and practice [R]. The Interstate Technology & Regulatory Council, 2011b.

4

绿色低碳环境修复工程实践年度进展

Annual Progress in Green and Low Carbon Environmental Remediation Engineering Practice

发达国家生态环境修复活动主要分为3个类别。以美国为例，一是污染场地的修复，主要由EPA主导，通过采取工程或制度措施来将环境风险降低至可接受的水平。二是大型复杂污染遗留场地的修复，如受污染的矿区、流域等污染修复与生态恢复通常由内政部负责，污染调查则由美国地质调查局（USGS）执行。此类修复工作的重点在于自然资源的保护及对生态环境损害的赔偿和恢复。三是突发性环境污染事件的修复，如原油泄漏事件的应急清理、污染修复、生态恢复，主要由美国国家海洋和大气管理局（NOAA）主导。

我国在绿色低碳环境修复发展模式及其内容方面与发达国家存在差异。除在传统环境修复领域，如在污染场地、农田、流域、荒漠、盐碱地以及矿区生态破坏的综合治理与生态提升等方面加强投入外，我国还针对现阶段产业发展的特定挑战，进行更为广泛和深入的探索，如加强重点企业源头防控、强化在产企业地下水防治、推动园区污染治理等。通过采用综合性策略和创新实践，从而满足本土环境保护需求，促进环境持续改善和生态系统的全面恢复。

4.1 国际绿色可持续修复发展阶段

4.1.1 欧美生态环境修复的主要类型和规模

美国与欧盟在环境修复领域采取多样化策略和方法，以应对各类污染问题。在EPA执行的美国超级基金（Superfund）项目是美国环境修复工作的核心，专注于处理国内最复杂的污染场地，涵盖废弃垃圾填埋场、矿区、工厂废水排放等。除此之外，美国还重视棕地修复及加油站等特定污染场地的整治工作，并将底泥修复作为环境治理的一个重要组成部分。在欧洲，棕地修复是环境修复工作的重点，主要致力于因工业或商业活动而废弃的污染地块的修复与再开发。同时，自然资源损害评估（Natural Resource Damage Assessment, NRDA）在欧美环境修复工作中也占据较为重要的地位，特别是在处理海洋溢油事件、湿地生态环境破坏等突发性环境事件的修复上。

根据EPA统计，截至2023年9月，美国《国家优先治理污染场地顺序名单》（NPL）现存有1 336块污染地块，包括垃圾填埋场地块159个和矿山38个；经近40年的生态修复，有456个地块完成修复并移出名录，其中垃圾填埋场地块80个、矿山5个。由于支出经费的减少，每年移出NPL的地块数量也明显减少，近年来均稳定在10个以内，若彻底完成NPL地块的修复，美国将在资金和周期成本上面临巨大的挑战（图4-1）。

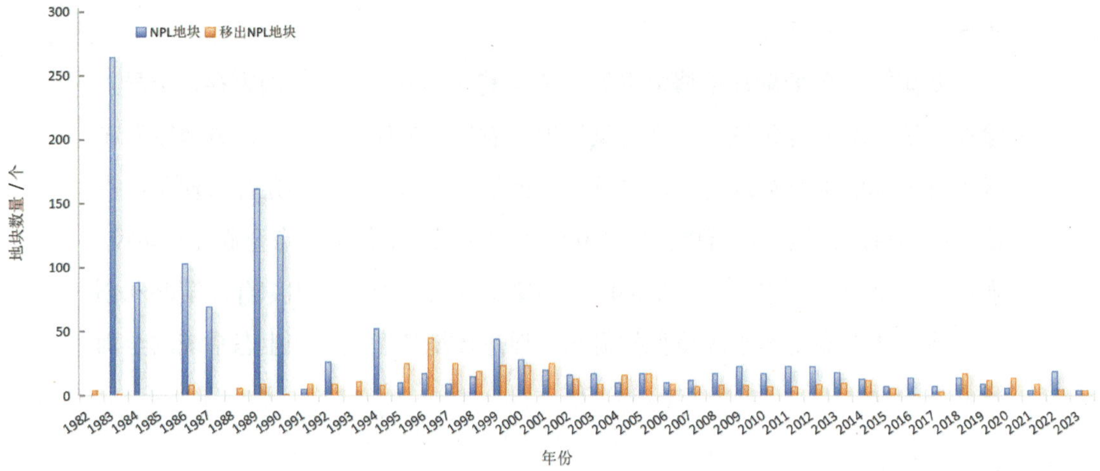

图4-1 1982—2023年美国《国家优先治理污染场地顺序名单》（NPL）及移出名单项目数量

欧洲国家在棕地修复与开发利用方面开展了大量工作，其中瑞士作为环境治理和可持续发展的先行者，其在棕地修复方面的成就较为突出。根据瑞士联邦环境办公室（FOEN）统计，截至2022年年底，瑞士已完成地块修复1 738个，其中垃圾填埋场地块233个，工业污染地块1 454个，突发事故地块51个，尽管取得了显著的进展，但瑞士仍面临着大量的棕地修复挑战。目前，还有约2 300个污染地块需要进行修复。这些待修复的地块，不仅对环境和公共健康构成潜在威胁，也影响了土地资源的有效利用和区域发展。瑞士棕地修复的资金主要来源于联邦旧场地清理协调系统（OCRCS）污染基金，其为特定的环境税收和政府拨款，这种资金机制保障了棕地修复项目的资金需求（图4-2）。

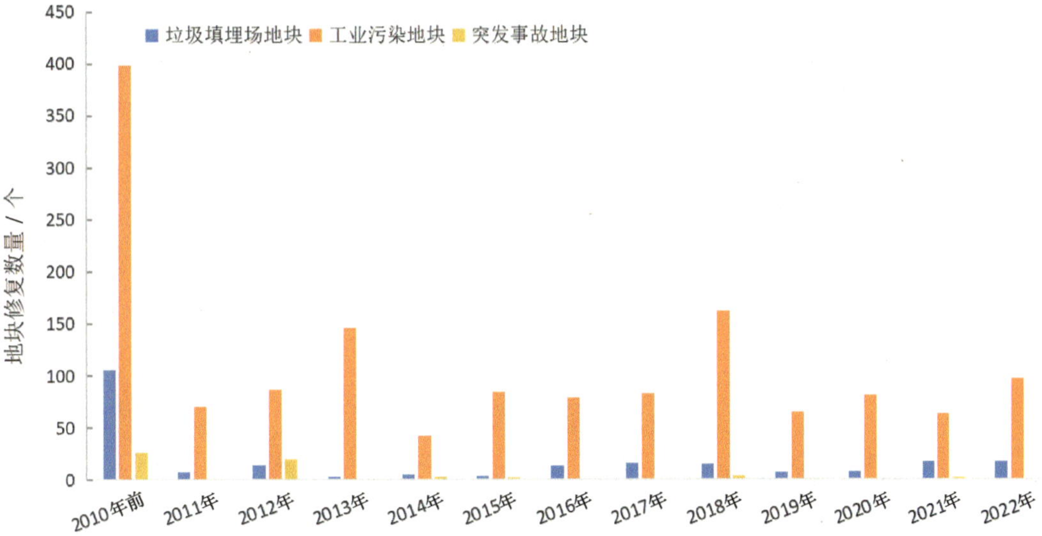

图 4-2　2010—2022 年瑞士土壤修复项目的类型及数量

自然资源损害评估（NRDA）在过去的十年间工作成效显著。根据《深水自然资源破坏评估程序性审查报告》（*Deepwater Horizon Natural Resource Damage Assessment Programmatic Review*）显示，受托人（负责评估自然资源损害并寻求赔偿以进行资源修复的官方机构或组织）在 2011—2020 年共批准了 32 个修复计划和 200 多个修复项目，这一系列的生态修复活动涵盖了较为广泛的生态系统领域，旨在缓解和修复由于环境事故或人为活动导致的自然资源损害。在财务方面，受托人当前已收到了 88 亿美元赔偿金中的 28 亿美元，这些资金的获取是基于对自然资源损害的评估和相应的法律程序。其中的 24 亿美元（占收到赔偿金的 85.7%）已经被专门用于支持各项生态修复活动，而湿地、沿海和近岸生境的恢复是修复工作的重点领域，其费用预计将占总修复经费的一半，约为 13 亿美元（图 4-3）。

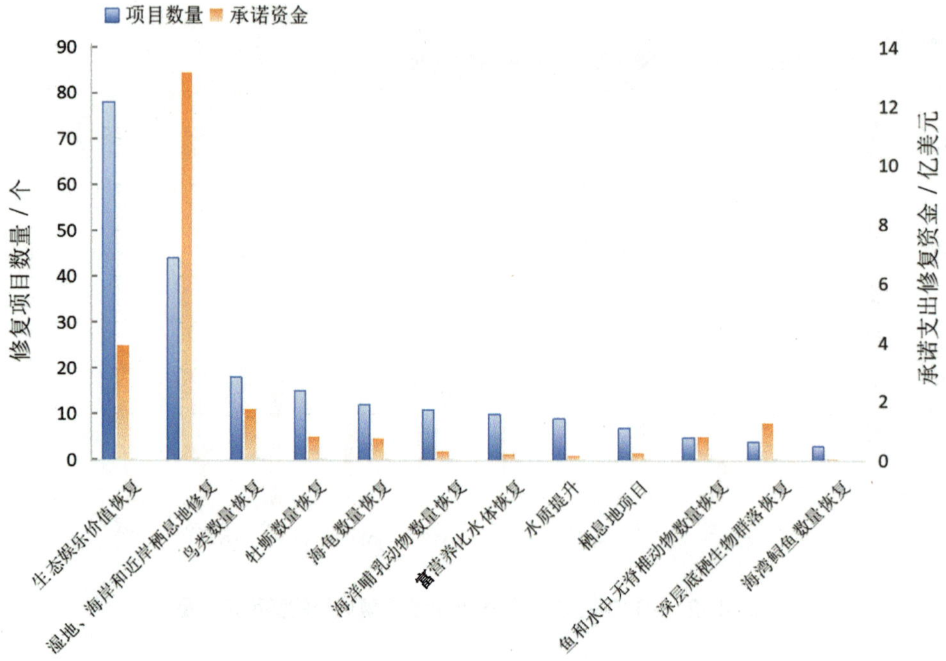

图 4-3　2011—2020 年 NRDA 生态修复项目数量及资金情况

专栏 4　发达国家环境修复投资与成效

随着 18 世纪工业革命的兴起，污染场地在世界范围内普遍存在，对全球生态环境和人类健康产生了严重影响。据估算，全球潜在的污染地块已超过 500 万个（Hou et al., 2023），其中，美国注册的棕地为 45 万～60 万个，超级基金污染场地数量为 1 898 个，约有 29 万个污染场地需要修复；欧洲约有 250 万个潜在污染场地，其中有 14% 需要修复（Bruyninckx, 2020）。

1981—2010 年，EPA 通过美国超级基金项目，共投入约 450 亿美元（折合人民币约 3 000 亿元）用于环境修复工作，该时期美国每年在场地修复上的投入平均超过了 1 000 万元人民币，其中有 50% 的经费投入在 1990 年。2005—2015 年，加拿大依托联邦污染场地计划（FCSAP）项目支出 21.1 亿美元用于场地修复（赵丹，2023）；1990—2010 年，全球（主要是发达国家）在环境修复方面的总投入超过 10 万亿元人民币，成功修复了超过 30%（8 万多个）的历史遗留污染场地（Weber et al., 2008）。这些成效不仅推动了系统化的国家土壤污染责任体系的建立，也形成了强大的土壤修复工程、技术和咨询能力。此外，在信息公开和提升公众意识方面也取得了积极进展，有效支撑了土壤环境安全，保障了国家环境健康，并促进了社会经济的可持续发展。

4.1.2 发达国家环境修复工程的 4 个阶段

国际上环境修复工程与管理的发展可划分为 4 个主要阶段。第一阶段为 1990 年以前，修复策略严格按照背景或基准彻底清除污染。第二阶段为 1990—2000 年，逐步转向基于矫正健康风险可接受水平修复的管理策略。第三阶段为 2000—2010 年，发达国家开始探索并实践绿色可持续的修复方法，进入节能减排绿色可持续修复时期。第四阶段为 2010 年至今，在气候变化的背景下，环境修复领域进入适应气候变化的 SRR 时期，这一时期特别强调修复过程中应对极端气候事件的适应性。

美国在环境修复领域实施综合管理策略，即从绿色可持续修复（GSR）向 SRR 的转变，这种过渡体现了对环境修复的系统规划，通过耦合不同修复技术及参考因素，实现从环境质量提升到生态系统功能的全面恢复的跨越。

4.1.3 发达国家普遍进入后环境修复时代

发达国家先后经历了背景修复、风险管理、绿色可持续修复等阶段。例如，荷兰约有 40 万个疑似污染地块，有 5.6 万个地块需要风险管控（需投入 120 亿欧元），有 1.1 万个地块需要修复（需投入 30 亿欧元）。从 1970 年开始修复，预计到 2030 年完成治理，需要投入约 1 200 亿元人民币。费用效益分析的结果表明，土壤修复获得的社会整体效益与投入基本持平略有盈余。后修复时代有以下特点：

（1）具有多元且健全的资金保障体系

西方国家通过政府拨款、企业投资、环保组织资助及国际合作项目等多种渠道，为环境修复项目提供了稳定而广泛的资金来源。以土壤修复资金为例，针对责任明确的有主地块，大部分国家均采用“污染者或受益者付费”的企业支付模式，针对大型复杂污染场地或无明确责任主体的污染地块，通常有地方政府（议会）或环境保护部门进行财政拨付，如美国的超级基金、日本的土壤污染整治基金、新西兰的污染场地修复基金、荷兰的加油站污染修复基金均可为满足特定条件的污染地块修复提供资金保障；多元化的资金支持机制可有效保障修复项目的顺利实施，同时强化了针对突发环境问题的应急处置能力。

（2）技术装备和材料施工等相对成熟

在技术和材料应用方面，西方国家通过长期的研发和实践，形成了一套相对成熟的技术装备体系和施工标准。仅在热修复装备方面，涵盖直燃式修复设备、间接燃烧修复设备、原位堆式热解吸设备、柔性加热器、光通量电阻加热、蒸汽强化提取等，已经形成了热解吸的专业化生产、销售、设备租赁、工程实施、设备运营等一系列成熟的产业链。无论是土壤修复、水体净化还是矿山治理，均能提供高效、可靠的技术解决方案，确保环境修复效果的持久性和稳定性。发达国家的环境修复产业链逐渐成熟。

（3）责任体系和赔偿机制等相对健全

发达国家在环境法律法规的制定和执行方面，建立了严格的责任追究机制和公正的赔偿制度。特别是在污染场地修复方面，欧美和日本等国家（地区）通过具体的立法明确了污染者的法律责任，从而促进了污染场地的有效治理和修复。例如，美国通过的《资源保护及恢复法案》《综合环境反应、赔偿与责任法》《小型企业责任减轻及棕地振兴法案》，不仅规定了污染责任主体对治理费用承担“严格、连带和具有追溯力”的法律责任，还设立了专项基金用于支持无责任人污染地块的治理和修复工作。通过经济激励和惩罚机制，有效控制和减少了环境污染事件的发生，促进了社会整体的环境责任感和环保意识的提升。

（4）具有灵活的激励和公众参与机制

西方国家通过税收优惠、财政补贴等手段激励社会、企业参与环境修复，同时积极推动公众参与，通过教育普及、信息公开和志愿活动等形式，增强公众的环保意识和参与度。如定期召开修复主题的公开会议，发布修复计划供公众审查和评议，就修复工作提出意见，同时关键的修复报告材料将做多语言翻译，促进非英语母语的利益相关者参与，网络研讨会也作为非现场会议的重要补充。

4.2 我国绿色低碳环境修复工程概况

4.2.1 矿山生态修复工程

矿山生态环境修复已成为我国生态环境保护的重要环节。由于早期矿业开发重经济效益、轻生态保护，大规模开采给生态环境造成严重影响。我国对矿山生态修复研究起步较晚，始于 20 世纪 50 年代，80 年代后初见成效，当前仍处于发展起步的早期阶段。近年来，我国持续加大矿山生态环境修复与复垦力度，据不完全统计，2018—2023 年矿山修复项目共计 190 个，项目数量整体呈上升趋势（图 4-4）；由于资源禀赋、资金筹备等因素，致使各省（区、市）实施项目数量差异较大，其中安徽省、河南省和河北省矿山修复项目数量最多，占比分别为 15%、12% 和 11%。2023 年，我国矿山生态修复项目为 56 个，其中河北省、河南省、江西省、安徽省和北京市占比分别为 13%、11%、11%、9% 和 7%，居前五位（图 4-5）。

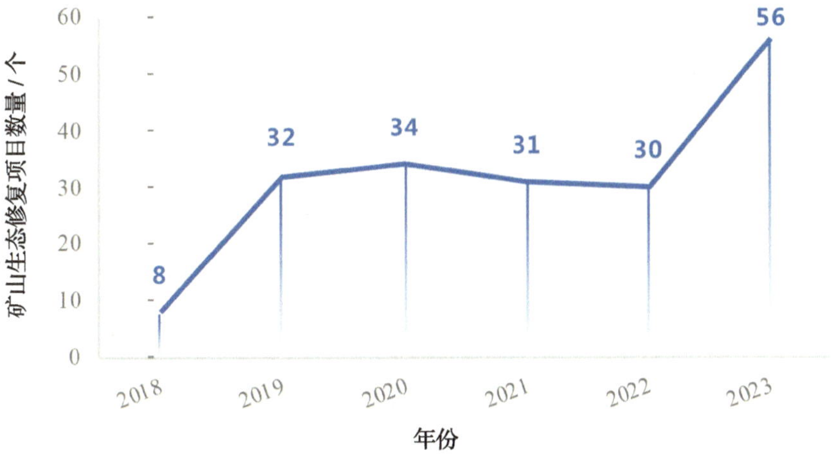

图 4-4　2018—2023 年我国矿山生态修复项目年度变化情况
（招投标网公开资料）

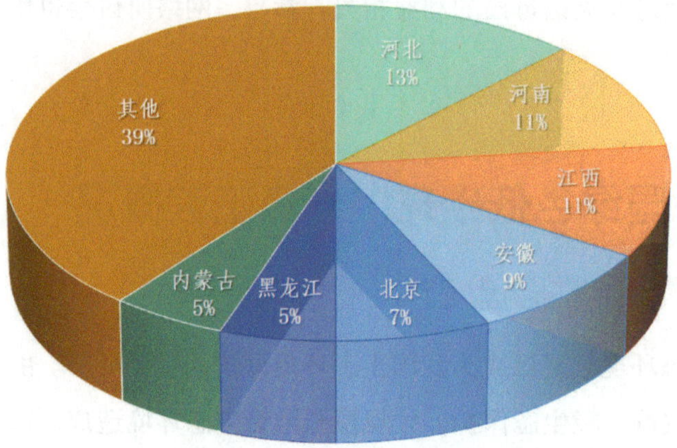

图 4-5 我国 2023 年 56 个矿山生态环境修复项目分布
（2023 年招标网公开数据整理）

在标准制定方面，我国现行的矿山生态修复类标准约 25 个，其中 2022 年发布的《矿山生态修复技术规范 第 1 部分：通则》等 7 项行业标准标志着我国在矿山生态修复领域迈出了重要一步，系列规范成为全国范围内首次制定的针对矿山类项目的综合性生态修复工作的标准文件。山东省、河南省、安徽省和湖南省也相继发布了矿山生态修复工作导则，这些地方标准的发布，进一步丰富了我国矿山生态修复的技术规范体系，为地方性矿山生态修复工作提供了更为具体和适用的指导（图 4-6）。

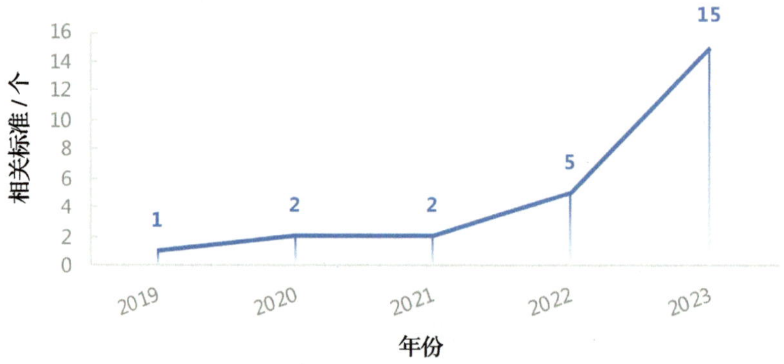

图 4-6 我国矿山生态修复类标准制定情况

《财政部办公厅 自然资源部办公厅关于组织申报 2023 年历史遗留废弃矿山生态修复示范工程项目的通知》（财办资环〔2023〕1 号）（以下简

称《通知》）在推动我国矿山生态修复工作方面发挥了重要作用。《通知》筛选出我国 18 个极具示范意义的矿山修复试点案例，为全国各省（区、市）的矿山生态修复和环境治理提供了参考和借鉴。其中，超过 50% 的案例融入基于自然的解决方案（NBS）的理念进行矿山生态修复，NBS 强调利用自然过程和生态系统服务来解决环境问题，旨在实现矿山生态修复的同时保持或恢复生态系统的功能和多样性，体现出我国矿山生态修复工作向更加绿色、可持续的方向发展。

为了加强矿山生态修复领域的学术交流和技术分享，2018—2022 年，我国举办了三届矿山环境污染与修复学术研讨会及全国矿产资源综合利用与生态修复高层论坛。这些会议聚集了来自全国的矿山生态修复领域的专家学者和从业人员，通过分享最新的研究成果、技术进展和实践经验，为我国矿山环境污染治理和生态修复提供了重要的学术支持和技术指导。2023 年召开的矿山污染防治及生态修复技术研讨会，进一步聚焦矿山污染防治和生态修复的前沿技术和管理策略，会议旨在促进我国矿山环境污染与修复领域研究水平的进一步提升，推动生态文明建设和绿色发展。这些学术会议和论坛的举办，不仅为我国矿山生态修复领域的科研和实践人员提供了交流和学习的平台，也促进了矿山生态修复理论研究与实践应用的深度融合，对提升我国矿山生态修复技术水平和管理能力具有重要意义。

4.2.2 流域生态修复工程

我国重金属污染流域的环境问题主要源于历史上的采矿活动。由于早期采矿点多数未经过环保审批，缺少必要的尾矿库建设和环保措施，导致选矿过程中产生的废水和尾砂被直接排放到上游水系中。从而引起河道淤塞，大面积农田被尾砂覆盖，对生态环境造成了严重的破坏。结合流域内环境介质的多样性及其水文联系的密切性，流域重金属污染造成的水体（如地表水、地下水、灌溉水）、土壤与作物环境污染问题十分突出。

我国正逐步改善重金属污染流域的环境状况。随着《水污染防治行动计划》《重点流域水污染防治规划（2016—2020 年）》《重点流域水生态环境保护规划》系列文件的落实，各省（区、市）逐步开展了流域生态环境综合治理工作。2018—2023 年，我国已实施的流域治理项目共计 1 136 个，年度项目数量保持在 150 ~ 250 个（图 4-7）；在省级层面，浙江省、陕西省和吉林省在流域治理项目数量方面均超过 100 个，显示了地方政府在流域环境治理和修复方面的积极行动；2023 年，我国流域生态修复工程约 167 个，主要集中在城市河道治理修复和流域重金属污染治理修复等领域，其中陕西省、浙江省和湖北省在流域生态修复项目数量方面表现较为突出，占比分别为 25%、17% 和 12%（图 4-8）。

图 4-7　2018—2023 年我国流域治理项目年度变化情况
（招投标网公开资料）

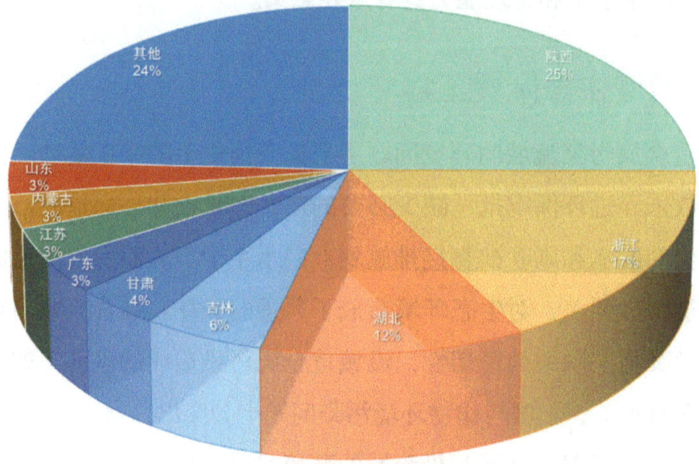

图 4-8　我国 2023 年度流域生态修复项目分布
（2023 年招标网公开数据整理）

流域治理是生态环境导向的开发（EOD）模式的重要实践。EOD 模式强调在经济发展过程中充分考虑和整合生态环境保护的要求，通过实施环境友好型的开发策略，旨在实现经济增长与生态系统健康之间的和谐共生。而流域重金属污染整体风险管理难度高，涉及多学科、多领域，污染物迁移转化过程复杂，因此流域重金属污染防控所需资金数额巨大，控制修复周期漫长，且流域治理工作往往与区域生态提升、景观改善紧密联系，对于促进旅游业和生态产业的发展具有显著相关性。因此，流域修复工作通常依赖于EOD模式试点项目。根据《生态环境导向的开发（EOD）模式试点项目名单》（第一批、第二批）的统计数据显示，在89个试点项目中，涉及流域修复的项目占比达到49%，其中湖北省、河北省和浙江省EOD试点与流域修复相关性更为明显。

流域治理典型案例是我国环境绿色治理修复的实证基础。2023年12月，《国土空间生态修复典型案例集》（以下简称《案例集》）在浙江安吉举办的首届自然资源与生态文明论坛上发布，《案例集》汇总了来自17个省（区、市）的37个典型案例，其中浙江省钱塘江源头区域的山水林田湖草生态保护修复工程在流域治理方面取得了明显成效，具有显著的示范意义。2019年，随着千岛湖成为杭州市和嘉兴市约1 300万居民的饮用水水源地，该区域的水环境健康状况引起了广泛关注。面对农业面源污染、水体营养化等一系列潜在问题，相关管理部门和科研机构采取了“源头削减＋过程拦截＋末端治理”的全过程系统治理模式，有效削减了入湖污染物。这一治理策略涵盖了农田生态拦截沟渠、生态护岸边坡、果园生草等多种措施，有效阻止了降雨径流携带的污染物进入千岛湖水体。针对五强溪、上梧溪、梓桐源、郁川溪、六都源等5个重点流域及环湖景观生态保育区的芒秆山，实施了全面的生态修复措施。创新性地设计了新型生态浮岛，在生态浮岛上种植了绿色狐尾藻、水芹、空心菜等水生植物和蔬菜，通过植物根系对氮、磷等营养物质的吸收、吸附及微生物的转化分解作用，有效净化了千岛湖的水质，并为水生生物提供了良好的生态栖息地。此外，通过空间规划和管控、系统治理、技术创新、机制创新、资金整合等综合措施，确保千岛湖流域的生态环境得到持续优化和改善。这一系列措施不仅提高了千岛湖水域的生态服务功能，也为区域可持续发展和生态文明建设提供了重要支撑，为国内外生态修复和环境治理领域提供了重要参考。

4.2.3 土壤污染修复工程

我国土壤污染修复行业起步较晚，在近20年的发展中，整个行业经历了四个主要阶段，并逐渐形成了一套较为初级的管理政策、技术标准和产业体系。萌芽阶段（2010年以前）：这一时期标志着我国土壤污染修复治理工程的初步探索。修复项目、修复方量和资金投入均处于较低水平，主要技术手段依赖于传统的固体废物处理技术，广泛采用了能耗高、污染严重的“挖烧运”方式进行修复。在这一阶段，国内尚未建立完善的土壤污染防治管理政策法规和修复标准体系，地产开发驱动的修复项目占比高达70%，这反映了当时土壤修复领域的初级状态和市场驱动特征。起步阶段（2010—2016年）：随着国家和地方政府对土壤污染问题的重视，逐步颁发了一系列土壤调查评估和治理修复的管理办法和技术指南。2014年环境保护部发布的《建设用地土壤修复技术导则》（HJ 25.4—2014），首次提出了“鼓励采用绿色、可持续和资源化修复”的理念，这在一定程度上推动了土壤修复治理工程的发展。这一时期，修复项目数量、修复方量和资金量处于缓慢增长阶段，整个产业的规模和体量仍然较小，主要受限于宏观资金政策支持的缺乏。快速发展阶段（2016—2020年）：《土壤污染防治行动计划》（2016年）和《土壤污染防治法》（2019年）的发布，进一步强调了“促进土壤资源永续利用”的重要性，相关系列政策法规、管理办法、技术规范和导则指南相继发布，土壤修复市场迅速进入规范化、标准化管理时期。平稳期（2020年至今）：2020年，我国发布了第一个相关团体标准《污染地块绿色可持续修复通则》（T/CAEPI 26—2020）。市场受到土壤污染防治专项资金刺激，土壤修复产业规模快速上升，2023年生态环境部印发《关于促进土壤污染风险管控和绿色低碳修复的指导意见》，标志着中国绿色低碳环境修复工作逐渐正规，也是中国绿色低碳环境修复的转折之年。

污染地块修复已成为我国生态环境治理的重要组成部分，据不完全统计，2006—2023年，我国已完成或正在进行的污染地块修复项目总数达到约1 600个，展现了从初步探索到快速发展的过程（图4-9）。在萌芽阶段，土壤修复工作尚处于探索阶段，完成的修复项目大约有10个，仅占总工程数量的不到1%，这一时期的项目主要依赖传统的修复技术，缺乏系统的治理策略和成熟的技术支持。进入起步阶段，随着对土壤污染问题认识的加深和治理政策的逐步建立，修复项目数量开始稳步提升，达到约 120 个，占比提升到 8%。这一阶段，国家开始重视土壤污染防治，修复技术和方法也开始多样化，为后续的快速发展奠定了基础。在快速发展阶段，《土壤污染防治法》等一系列政策法规的出台和公众环保意识的提升，修复项目数量陡增，达到约 600 个，占比为 37%。这一阶段的特点是技术创新活跃，修复手段更加多样和高效，政府和社会资本的投入也大幅增加。进入平稳阶段，土壤修复工程呈高位持平的状态，项目数量近 900 个，占比达 55%。这表明土壤污染修复工作已经进入了成熟稳定的发展阶段，治理体系更加完善，技术手段和管理经验也日益丰富。在地域分布上，土壤污染修复项目在京津冀、长三角、珠三角等经济发达地区聚集，这与地区工业发展水平高、污染问题突出相关性较大。同时，南方省份的项目数量普遍多于北方，反映了地区经济发展和环境治理需求的差异。2023 年，我国的地块修复工程约 180 个，其中湖南省、江苏省、重庆市、湖北省、广东省和山东省的项目数量居多，显示了这些地区在土壤污染治理和修复方面的积极进展。总体来看，我国的污染地块修复工作已经从初步探索走向成熟发展，未来将继续深化土壤污染治理，推动生态环境持续改善（图 4-10）。

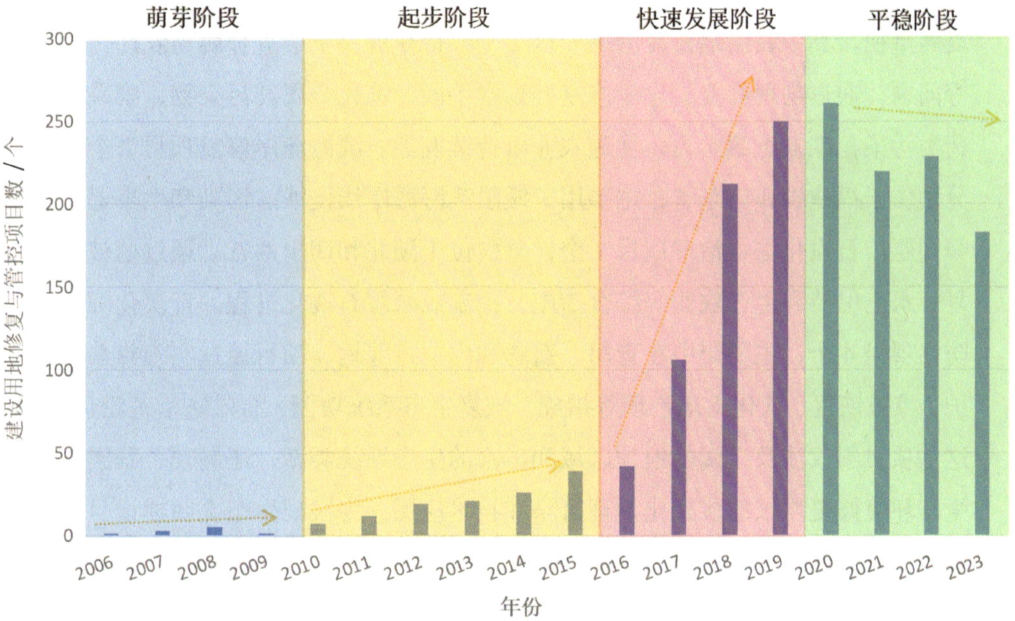

图 4-9　2006—2023 年我国地块修复项目年度变化情况
（招投标网公开资料）

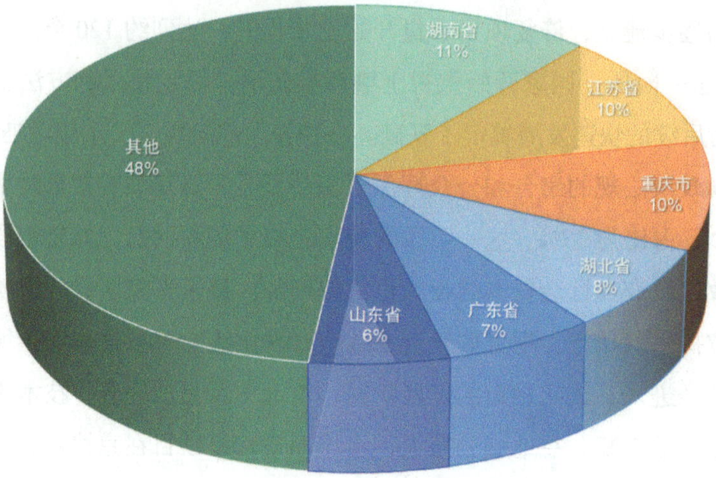

图 4-10　我国 2023 年地块修复项目分布
（2023 年招标网公开数据整理）

4.2.4　其他治理修复工程

2023 年，除矿山、流域、污染地块的修复治理外，我国还积极推进其他生态环境修复项目，共计 10 个，覆盖了农用地、滨海海岸、石漠化和荒漠化等不同生态系统的治理与修复，体现了国家对全方位生态环境保护和修复的重视。其中农用地修复治理项目 2 个，旨在解决土壤重金属与农药污染等问题，通过物理修复、化学修复等技术手段，钝化金属类污染物，削减农药类污染，恢复土壤肥力，促进农业可持续发展。滨海海岸修复项目 2 个，分别位于福建省和广东省，主要用于缓解滨海海岸线侵蚀、污染和生态退化等问题。石漠化综合治理项目 2 个，分别位于湖北和四川两省。通过植被恢复、水土保持和生态农业等综合措施，控制或减缓石漠化进程。荒漠化综合防治项目 4 个，主要集中在青海、新疆和内蒙古等地，项目通过实施封禁保护、植被恢复、沙化土地治理等措施，恢复生态系统功能，有效防治荒漠化。这些项目不仅涉及广阔的地理区域和丰富的生态系统类型，还展现了我国在生态环境修复领域的多元化治理策略和技术应用，为实现生态文明建设目标奠定了坚实基础。

4.3 我国场地风险管控发展趋势

在我国场地风险管控的发展历程中，风险管控技术的应用逐渐成为土壤污染治理和场地再利用策略的一个重要方向。风险管控技术主要通过设计和实施有效的措施来阻断或减缓土壤和地下水中污染物的迁移扩散路径，或通过对风险受体采取保护措施来减少污染对人类健康和环境的影响。与传统的污染物去除或治理技术相比，风险管控技术更加注重长期的环境安全和健康风险管理，而不以快速削减地下有害物质浓度为主要目标。2006—2023 年，我国已有 100 余个案例采用了土壤污染风险管控技术，这些案例主要分布在工业活动频繁的地区，如江苏（占比 16.13%）、上海（占比 11.29%）和贵州（占比 6.45%）等地（图 4-11）。这反映出在工业集中区，土壤污染风险管控技术的应用尤为重要和迫切。涉及的主要行业包括化学原料和化学制品制造业、金属制品业、有色金属矿采选业、有色金属冶炼和压延加工业及其他行业，这些行业遗留的污染地块通常面临污染种类多、污染深度深以及污染程度重等问题，修复此类场地通常会受到高成本、技术极限和较大的二次环境影响。因此，在这些行业中应用风险管控技术更为合理（图 4-12）。

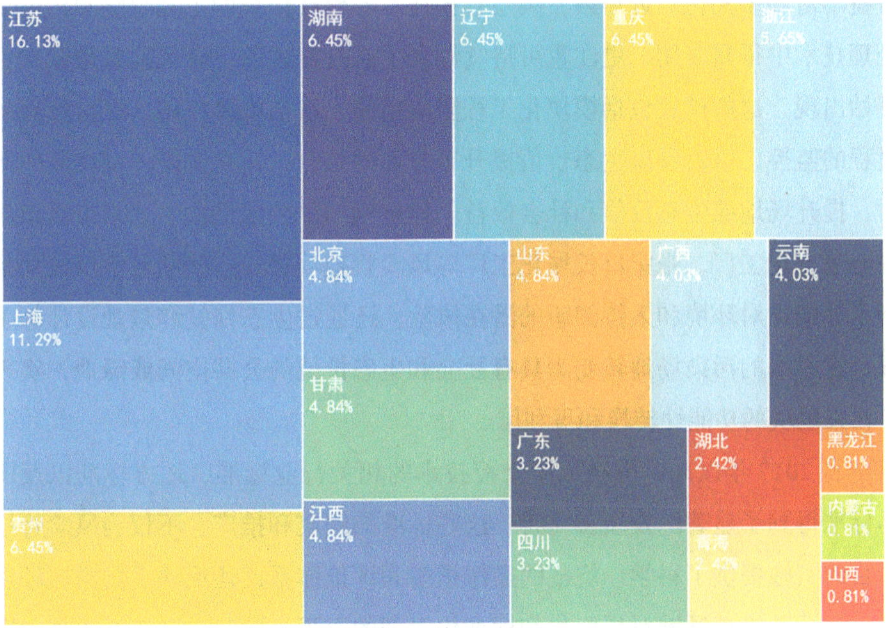

图 4-11　2006—2023 年各省（区、市）地块风险管控项目占比分布
（招投标网公开资料）

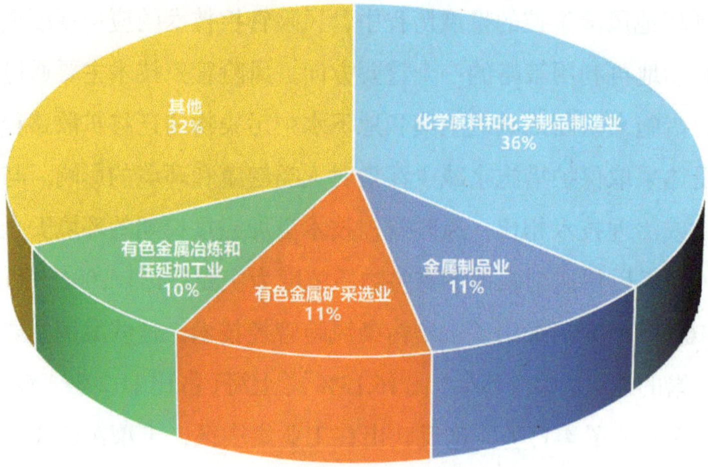

图 4-12　2006—2023 年我国地块风险管控项目所属行业占比
（招投标网公开资料）

随着风险管控技术在我国的发展和应用的不断深化，其管控模式也变得日益丰富和多元化。近年来，风险管控技术不仅在传统的工程阻隔和污染物处理技术中得到应用，更注重可持续性和生态友好性的综合风险管理模式也开始出现。这些模式包括模块化工程阻隔措施、清洁能源应用、对自然衰减过程的监控，以及景观生态价值提升等方面的结合，旨在实现环境修复的同时，提升场地的生态价值和社会效益。如杭钢旧址公园地块、北京市城市副中心东方化工厂、张家口长城化工厂等风险管控项目，这些项目不仅成功控制了污染物对环境和人体健康的潜在风险，还通过生态修复和景观设计等手段，将原本的污染场地转变为具有社会和生态价值的公共空间或绿地，实现了污染地块的功能性转换和再利用。

自 2017 年以来，围绕风险管控技术的相关行业标准、地方标准以及团体标准得到了显著的发展和完善。这些标准的制定和推广，不仅为风险管控项目的实施提供了科学、规范的操作指南和评价体系，还反映了我国在环境保护和污染修复领域对规范化和标准化管理的重视。同时，这也标志着中国在环境风险管理和土壤污染修复领域技术的成熟和进步（图 4-13）。

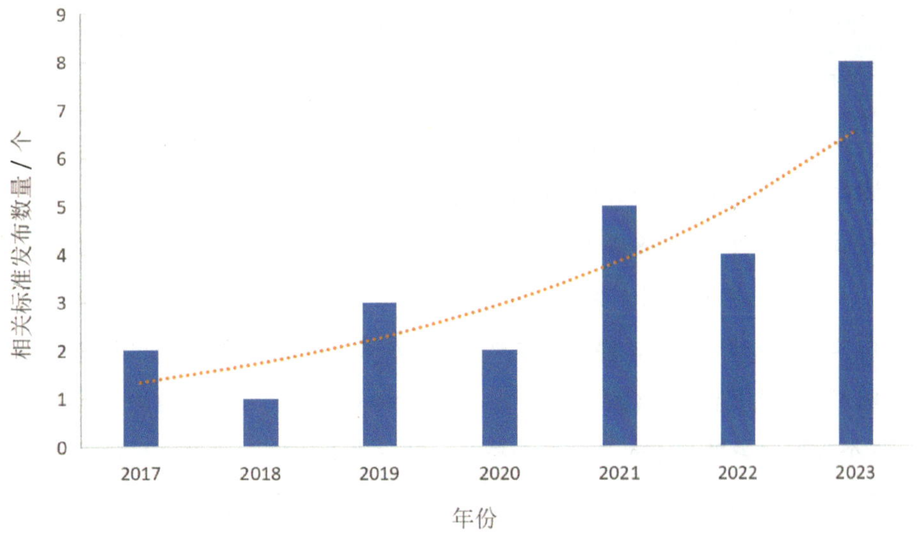

图 4-13 我国污染场地风险管控相关标准发布数量年度变化

4.3.1 在产企业风险管控工程

自 2022 年以来，土壤污染源头管控项目已成为我国土壤环境领域的一项重大任务。“十四五”期间，为从根本上控制和减少土壤污染的发生，生态环境部以化工、有色金属行业企业为重点，2022 年计划实施 124 个源头管控项目，并采用分批启动的方式逐步推进。其中，2022 年启动实施项目 68 个，2023 年启动实施 56 个项目。截至 2023 年 6 月底，124 个项目资金已全部落实，落实资金总额为 37.3 亿元；获得中央生态环境资金支持的项目 94 个，中央资金支持总额达 11.4 亿元。通过推进源头管控，预期能有效控制污染物的排放，减少土壤和水环境的污染负担，为实现环境质量的根本改善和生态环境的长期健康发展奠定坚实基础。

专栏 5 中国石油化工股份有限公司天津分公司绿色化改造项目主要做法

中国石油化工股份有限公司天津分公司（以下简称天津分公司）土壤污染源头管控绿色化改造项目是国家“十四五”土壤污染源头管控试点项目，批复资金 4 885 万元。

通过高标准谋划，编制项目实施方案，确定了“2+5+7+4”的工作内容，即炼油部、化工部 2 个作业区域开展管线改造、储罐区密闭切水、地下管道漏损检测及修复等工程；含油污水管网老化、雨水边沟开裂等 5 个土壤污染隐患点开展排查和整治；从污水管线地上改造、增设储罐自动脱水且脱水管线地上铺设、含油污水井和地下管线修复等 7 个方面开展改造措施；实现控制罐区地下管线泄漏风险、减少罐区雨污串流等 4 个绩效目标。

项目实施过程中，坚持问题导向、目标导向和底线思维，高标准、严要求，扎实做好土壤地下水边生产边管控，着力打造绿色低碳发展新优势。针对系统排查出的土壤污染隐患，进行彻底升级改造；与生态环境部门土壤团队专家无缝对接，从专业角度进行科学精准的指导公司项目顺利实施稳步推进；严密制订工作计划和实施方案，限定时间节点，倒排落实工期，确保项目实施按计划、按节点、按周期高质量完成；在取得中石化项目投资批复的同时，得到中央生态环境专项资金的支持，保障项目资金充足到位。

创新试用地下管道非开挖检测修复技术，通过采用管道潜望镜（QV）检测、管道闭路电视（CCTV）检测以及热塑成型工艺和紫外光原位固化工艺，进行管道内壁查漏修复，为系统内非开挖地下管道检测修复，创造了“天津石化”经验。

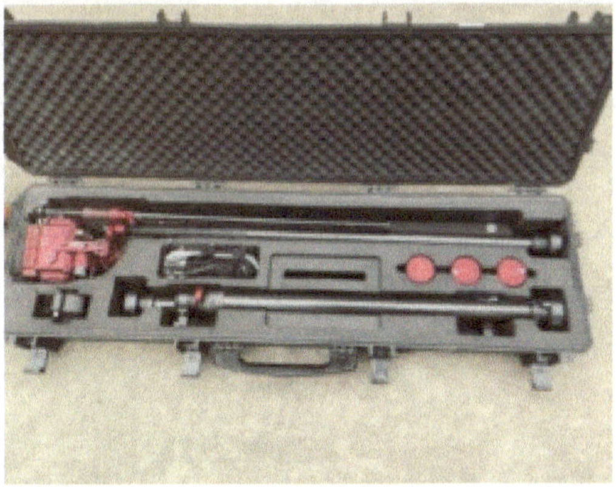

在土壤污染防治日常管控中，始终坚持突出源头控制，新（改、扩）建项目全部采取防渗漏、防扩散措施，扎实推进本质环保；强化日常管理，实施重点区域地上化改造，自主开发环保监控地图，开展隐患排查和整治，有效防控环境风险，实施精准修复。2022 年天津分公司启动在役场地污染修复技术研究，切实保障用地安全。

（引自 2023 年 11 月 22 日《中国环境报》）

专栏 6　北京市大兴区打造“数字土壤”系统

一张图，描绘全域数字土壤地图。通过多图叠加，整合国土空间规划和生态环境保护信息，嵌入卫星遥感图、行政区划图、卫星影像图、地形图、超图等，描绘全域数字土壤地图，实现土壤安全利用信息可视化。

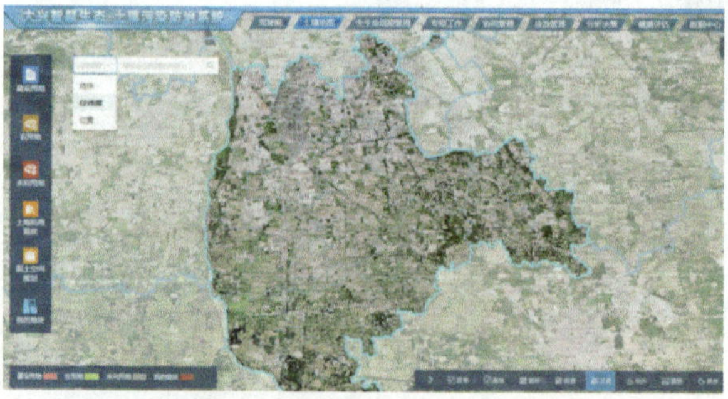

一个库，汇集多渠道数字土壤资源。建立大兴区数字土壤信息资源库，纵向衔接国家平台数据回流，建立土壤污染状况调查库；横向对接大兴区农业农村局、规划和自然资源局，建立农用地、未利用地数据库。内部，将关停企业原址用地筛查，在产企业源头防控，以及土壤环境质量监测等清洗入库。通过实现时间维度、空间维度的数据交汇，形成分散在不同监管归口的土壤基础信息、空间信息、管理信息的有效整合。

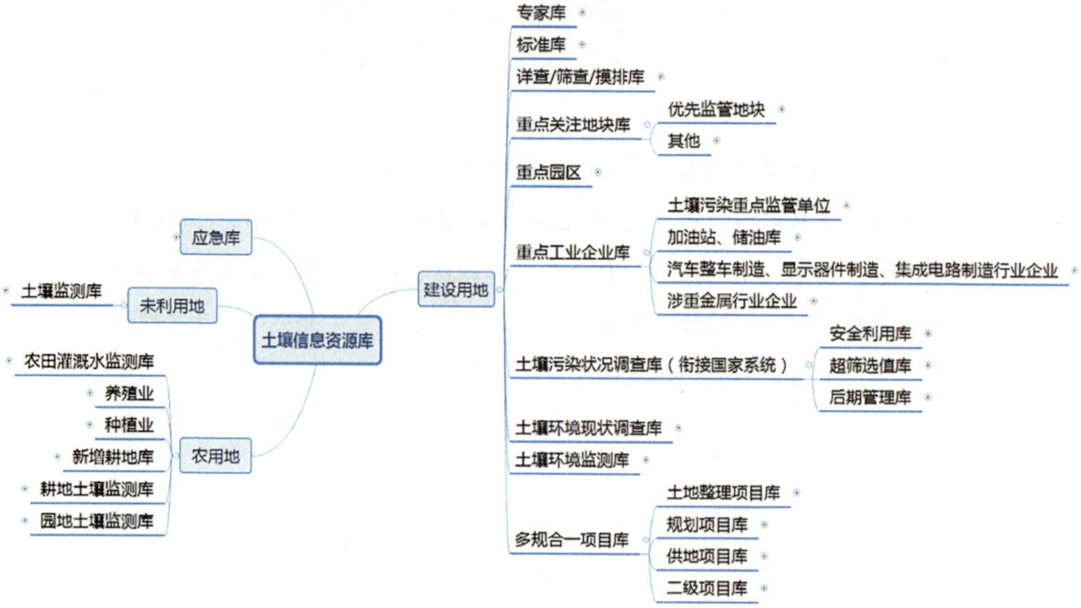

一平台，嵌入多要素监管模块。对标管理对象，搭建重点园区管理、重点监管单位管理、加油站和储油库管理、关停退出企业筛查等专项工作模块；对标管理人员，搭建三监联动、吹哨报到、督查督办、修复管理等协同管理模块。此外，结合管理目标，创新研发“多规合一”协同管理智慧分析模块及土壤污染风险智慧预警模块。

服务用地审批，提升决策能效。构建土壤环境管理决策算法，管理部门输入土地利用现状、地块规划、历史生产经营情况、地块边界文件等基本信息，通过与大兴区数字土壤信息资源库中的信息进行对比，进行“重点建设用地判定”“重点行业企业用地判定”“土壤污染状况比对”等一级运算，再将一级运算结果与结构化的法规、标准进行二级运算，得出该项目的“土壤安全利用建议”，有效提升项目审批工作效率，减少误判。

服务源头防控，提升精细化监管水平。建立土壤污染重点监管单位“一企一档”，对地块进行精细化管理。通过将企业土壤污染隐患排查、自行监测、排污许可等信息进行深度清洗和结构化处理，实现企业重点排污单元、监测点位、检测数据、污染物历史变化等信息可视化。同时，通过天地一体化管控手段，将遥感卫星数据与地面监测数据融合，采用数字孪生技术和地下水污染扩散模型，结合地下水的流向特性，对污染可能产生的影响范围和程度进行科学、准确的分析和预警。

服务风险管控，探索网格化管理。探索构建网格化管理体系，按照“关注重点，疏密结合”的原则，将大兴区全域划分为三级网格，运用数字技术手段，将源头防控、风险管控等信息写入网格内，生成网格风险等级和管理要求。为下一步推动信息共享，指导属地开展巡查检查，及时发现并上报土壤污染信息等提供有效手段，进一步提高管理效率。

（引自大兴区生态环境局公众号）

4.3.2 工业地块风险管控工程

在工业地块的风险管控工程方面，我国已经开展了针对农药类污染地块和铬盐厂等高风险工业场地的修复或管控项目。超过 50% 的工业地块因在修复过程中产生异味扰民、信访投诉、环保督察发现问题等，凸显了在进行工业地块环境修复时，需要综合考虑技术的环境友好性和社会接受度。在修复早期，治理技术主要依赖于异位焚烧或水泥窑协同处置等方法，这些方法虽然能够有效去除污染物，但往往伴随着高能耗和潜在的二次污染风险。2016 年以后，在修复技术上逐步实现了化学氧化、热脱附等更为先进和环境友好的技术的转变。这些技术不仅效率更高，而且对环境的扰动更小，能够更好地保护和恢复土壤和地下水环境。2023 年以后，我国在处理农药、铬盐等高污染行业工业地块的修复上，已经明显从依赖高强度的修复工程转变为注重低扰动、温和而持久的风险管控策略，这变标志着环境修复和治理思路的重大进步。目前，许多农药厂的修复项目，已经从传统的修复实施转变为风险管控模式，即通过科学合理的风险评估和管理，实现对污染地块的有效管控与生态恢复。这种方法更加注重长期效果和生态平衡，避免了对环境的过度干预和可能引发的二次污染，展现了我国环境治理领域的成熟和进步。通过这种低扰动、科学的风险管控策略，不仅能够有效地控制和降低污染风险，还能够促进污染地块的可持续利用和生态功能的恢复。

4.3.3 地下水风险管控工程

“十四五”以来，生态环境部围绕地下水重点污染源、重点行业企业等，有序部署开展污染源周边地下水污染状况调查评估、源头预防及风险管控与修复工作。在全国范围内，共有 11 个省（区、市）组织实施了 14 个地下水污染修复类污染防治试点项目，污染物涉及苯系物、氯代烃、重金属（铬、镍）等，试点项目采取了多种修复和风险管控技术，包括但不限于抽出处理、原位化学氧化 / 还原、可渗透反应格栅、监测自然衰减等。这些技术的应用旨在有效降低污染物浓度，防止污染物进一步扩散，从而保护地下水资源和生态环境。其中，8 个项目已经完成施工或自主验收，展现了我国在地下水污染治理方面的积极进展和成效。

此外，基于化工园区地下水环境状况调查结果，生态环境部筛选了 12个污染风险大、污染迁移性强的化工园区，专门开展地下水污染风险管控与修复试点工作，如六价铬污染场地。目前，除了少量的修复工程仍在持续实施外，其余大部分都已转入地下水污染风险管控工程，这标志着我国地下水污染治理的战略转变，即从单纯的污染物去除转向综合风险管理和长期管控，以实现地下水环境的持续保护和改善。

4.4 国内绿色低碳环境修复工程案例

4.4.1 风险管控与景观提升典型案例

风险管控与景观设计结合，通常可避免修复过程的二次环境影响，节约了大量的修复成本，同时，可以提供景观重塑的开发价值，形成具有吸引力的自然与人文风景，从而转变为经济效益。

案例 1 东方化工厂风险管控项目，即城市绿心森林公园（以下简称城市绿心）（图 4-14），位于北京城市副中心，总面积为 11.2 km^2，面对土壤污染和村貌老旧的双重挑战，采用棕地与景观设计相结合的模式，通过“生态保育核”理念，创新性地将生态方法应用于解决生态问题。项目通过环境监测、制度控制和数字模拟等技术实施实时监测和预警，确保污染场地的长期绿色可持续风险管控。

在生态修复方面，城市绿心实现了厂区污染土壤及地下水的 100% 安全管控，空气负氧离子年均值达到 3 700 个 /cm^3，空气质量显著提升。此外，首年形成森林碳汇量约 5 028 t 二氧化碳当量。通过风险管控策略，相较于传统修复工程，成本大幅缩减，同时，设计充分利用了现有的自然资源和人工资源，减少了新建设施的需求，优化了能源系统，降低了能源费用。城市绿心的建成不仅提升了周边土壤和水质的环境效益，还带来了显著的经济效益和社会效益，包括增加了税收和居民收入及新增了就业岗位，推动了区域 GDP 的大幅增长，总效益达到 65 亿元，效益费用比为 2∶17。项目注重可持续能源的应用，如屋顶光伏发电系统和光储充一体化充电桩的设置，推进储能系统应用，实现了区域内可再生能源利用率超过 40%。此外，通过园林垃圾无害化处理和建筑垃圾资源化再利用技术，有效地减少了固体废物，实现了环境的可持续管理。城市绿心还通过数智平台，实现了对污染土壤、地下水、土壤和大气环境的全面监测。在生态保育方面，城市绿心保留了 6 000 余株乔木，新植 13 万株乔木，为 50 多种野生动物提供了栖息地。同时，利用海绵城市和韧性设计元素，有效管理和利用雨水资源，增强了区域的洪水防控能力。城市绿心的成功实践不仅将污染园区变为生态文化公园，也为城市工业遗产地的风险管控与景观提升提供了有益借鉴，展示了环境治理与城市发展的和谐共生。

图 4-14　北京城市绿心森林公园

资料来源：北投集团。

案例 2　首钢地块修复与风险管控项目。首钢主厂区位于北京市石景山区，20 世纪 60 年代，首钢成为具有焦化、烧结、炼铁、炼钢、轧钢等生产部门的大型钢铁联合企业。长期以来，钢铁生产造成了较为严重的土壤污染，主要污染物包括重金属、苯、乙苯、苯并芘、萘、苯并 [*a*] 蒽、苯并 [*b*] 荧蒽、苯并 [*k*] 荧蒽等挥发性、半挥发性多环芳烃及石油烃等有机类污染。场区分为焦化厂、电力厂、机械厂、高炉等 26 个地块开展修复和风险管控，当前已完成地块 23 个。

其中首钢贵钢老区开发项目污染场地采用电磁波修复技术及工程化应

用，修复污染土壤近 50 万 m^3，与传统工艺相比，通过微波修复土壤工艺的应用，处理每立方米土壤能够有效节约能源消耗 46.2kg 标煤，能耗降低幅度达 55.3%。每立方米土壤可以减少 121 kg CO_2 排放、减少 1.1 kg SO_2 排放、减少 0.32 kg NO_x 排放。首钢园区焦化厂（绿轴）地块污染土壤修复工程（一标段）采用原位燃气热脱附修复技术，修复 6 万 m^3 有机污染土，设备通过模块化、集成化、自动化，实现自动控制，并实现能源消耗量达到最优值。电力厂、三高炉等地块通过对旧厂房的保留和重新利用，实现了工业遗迹改造，形成一批如北京冬奥会滑雪大跳台等标志性建筑。

案例 3 老港垃圾填埋场位于上海市浦东新区（原南汇区）老港镇东侧，濒临东海。垃圾填埋场始建于 1985 年，至今已开发了四期填埋区域。作为上海市“一主多点”生活垃圾处置体系布局的主基地，老港基地承担着上海全市超 50% 的生活垃圾末端处理和资源化重任，迄今已累计处理各类城市固体废物逾 1 亿 t。2020 年年底，老港垃圾填埋场围绕“韧性安全、低碳循环、科创科普、智慧生态”的方针和既定目标，持续推进固体废物综合处理能力建设，推动“工业旅游 + 教育”融合，于 2022 年年初成功挂牌首批“上海工业旅游基地”。

生态工程主要内容包括“一平整、二覆盖、三收集”，即垃圾堆体平整，防渗膜覆盖、土方覆盖、植被覆盖和地表水收集、渗滤液和填埋气收集。工程面积覆盖 41 个单元及老港南码头区域，共计 330 余 hm^2。在渗滤液处理方面，场地内部已建成在运行的渗滤液处理设施规模为 8 400 m^3/d，还有 1 600 m^3/d 规模在建，形成全国最大的处理规模。其中四期填埋场渗滤液处理设施建成后，可以形成 75% 的氨氮去除率，达到设计产能的 80%。在填埋气处理方面，场地内建成上海唯一、国内最大的甲烷回收利用类型清洁发展机制（Clean Development Mechanism，CDM）项目，截至 2020 年，年均二氧化碳减排量 66 万 t / 月，按市场价计算每年可获得约 330 万美元的碳减排收入。同时，利用填埋气所发电力正式并网后，满负荷生产可向上海电网输送绿色电力约 1.1 亿 kW · h，能解决 10 万户居民的日常用电。通过生态工程实施，截至 2022 年，场地异味报警次数同比下降 57%；通过对 6 条规划保留河道及其他微小水体的全面检测，水质大幅提升。整个生态工程产生成巨大生态效益与社会效益。

在景观设计方面，通过一期工程植被建设提供的技术支撑筛选出 20 多种乔木和灌木品种，并确保苗木成活率能达到 95.2% 以上。2017 年，场地总绿化面积达到 10 km^2，绿化率超过 70%，每年碳减排量为 30 万 t。其中“生态苑”区域在经过改良土壤、地形微整后，按都市公园标准完成了重新造林，结合湿地建设形成了完整的湿地生态系统，为数十种禽类与鸟类提供栖息环境，为游客提供高质量户外游憩空间的同时，显著提升了区域的生物多样性（图 4-15）。

图 4-15　上海老港生态环保基地

资料来源：https://m.thepaper.cn/baijiahao_19589110。

4.4.2　区域规划与整体管控典型案例

案例 1　南充炼油厂风险管控项目，原中国石油四川石化南充炼油厂停产前总占地面积 913.71 亩，是一家燃料—润滑油型炼化生产企业。南充炼油厂始建于 1958 年，炼油加工规模由建厂初期的 20 万 t 逐步发展到 120 万 t，随着环保要求的提升，2013 年南充炼油厂停产，留下了占地面积庞大的工业遗址。面对这一挑战，采用了分期分区域治理的模式，对地块进行了综合性的风险管控和生态修复。

炼油厂风险管控项目通过有效治理、修复及无害化处理地块中的有机物污染物，为地块周边的土壤安全、地下水、地表水水质安全提供了可靠的保障。在设计上，充分考虑了原有场地的工业厂房旧址及植被分布情况，巧妙地将南炼记忆公园规划为“一环一廊三区”的空间格局，既保留了工业文化的记忆，又为城市提供了连续的绿色空间系统。这种规划不仅提高了城市的绿化覆盖率和绿地可达性，也为城市居民提供了休闲娱乐的场所，促进了社区的活力。

此外，南充炼油厂风险管控项目的实施，展示了如何通过综合性规划和科学管理，将工业遗址转变为城市绿肺和文化记忆空间，实现了环境质量的改善、社会功能的提升和经济价值的增加。这个项目不仅是环境治理和风险管控的成功案例，也是城市更新和可持续发展的范例，为类似工业遗址的转型提供了有益的借鉴和启示。通过这样的项目实施，城市能够更好地面对工业遗产的挑战，将其转化为城市发展的新机遇，实现环境效益、经济效益和社会效益的多赢（图 4-16）。

图 4-16　南炼记忆公园全景

资料来源：中电建水电九局。

案例 2 宁波市东部新城生态走廊位于整个东部新城建设区的中部，贯通南北，扮演着都市绿肺及自然净化的角色。整条生态走廊北起通途路，南至铁路，西邻福庆路，东以规划支路为界，呈南北向纵贯东部新城中部，南北长约 3.3 km，东西宽 200 ～ 400 m 不等，总用地面积约 1 km^2。随着城市的扩张，场地内运河沿线的土地利用方式转变为工业用途，大量工厂兴建。但由于缺乏对污染风险的有效管控，施工挖掘出的受污染的土壤被非法任意倾倒，工厂废水未经处理就随雨水径流排入运河，导致运河水质严重下降。因此，这片区域成了典型的江南地区城乡接合部的棕地。

为了有效管控场地内的工业污染并为周边居民创造美好的休闲游憩环境，生态走廊在设计上采取了“水土共治”的策略：一方面，通过对周边土地开挖与填埋，土方被二次利用形成了地势起伏的山丘和山谷。顺着山谷形成的水道不仅可以通过沉积、曝气和生物过程去除污染物，还为地表水体的补给提供了保障，并形成了多种不同形态的水体；另一方面，河岸缓冲带取代了运河防水抗渗的垂直人工河岸。缓冲带坡度较缓，覆盖着茂密的植被，可有效去除排入运河的雨水径流中的污染物。此外，场地内的雨洪管理、生态功能与游憩空间相结合，为社区居民提供了兼具休闲娱乐和教育教学功能的场所，在社区与运河间建起紧密的联系。

宁波生态走廊在宁波新城开放空间系统中发挥着重要的支撑作用。风景园林师创造性地综合了当地地势、水文和植被等特点，将不适宜居住的地块变成 3.3 km 长的“活体过滤器”，构成了一个能自我更新的、可持续的生态基质（图 4-17）。东部新城生态走廊的设计充分考虑人和自然的共荣共生，将自然景观和城市景观充分融合在一起，不仅打造出了一个满足周边地块居民需求的公共开放空间，同时也为动植物营造出了重要的栖息地，旨在让人留下来，让鸟回归，让鱼重洄（图 4-18）。

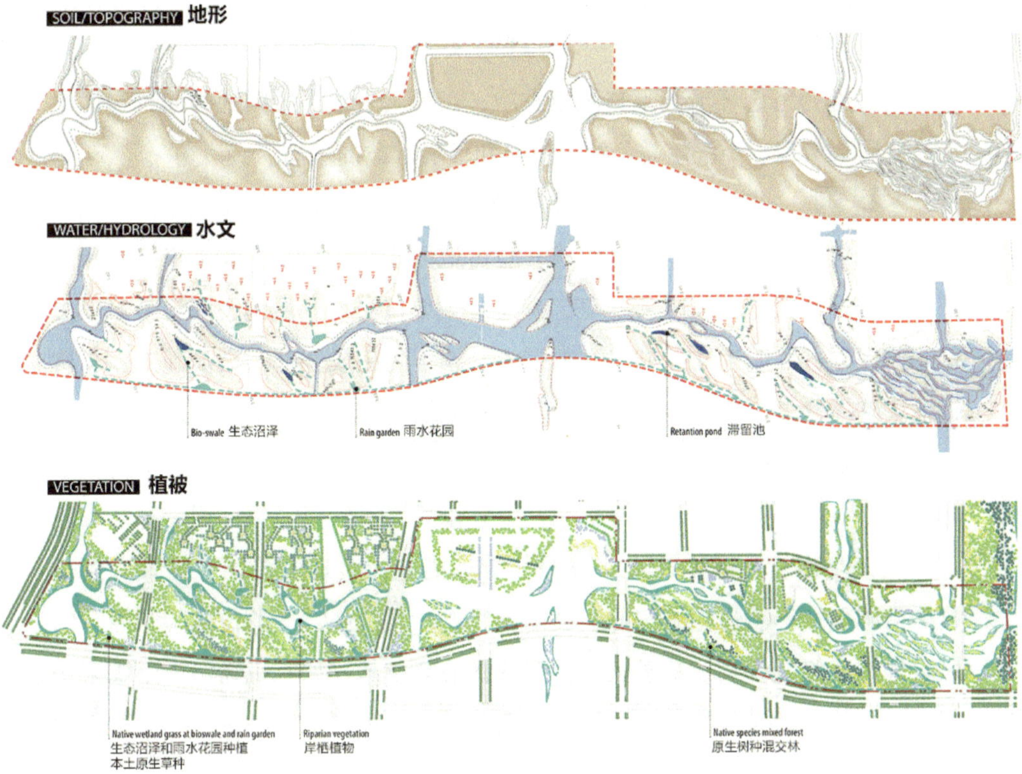

图 4-17 宁波生态走廊是综合了地形、水文与植被设计的线性“活体过滤器”

资料来源：https://www.gooood.cn/2016-asla-general-design-awards-eco-corridor-resurrects-former-brownfield-by-swa.htm。

图 4-18 土方被二次利用堆叠成地形，形成雨水花园净化污染物

资料来源：https://www.gooood.cn/2016-asla-general-design-awards-eco-corridor-resurrects-former-brownfield-by-swa.htm。

4.4.3 污染修复与土地开发协同典型案例

通过综合考虑环境修复与区域发展，在解决土地污染问题的同时，优化土地使用，实现了经济效益、社会效益和环境效益的多赢。

案例 1 杭钢半山基地位于杭州市拱墅区半山镇，由原杭钢半山基地炼铁厂区、焦化厂区及转炉厂区组成，总占地面积 2 671 亩。2016 年杭钢半山基地开始停产搬迁，2019 年年底，确定相关单位对该区域的土壤污染治理进行总体规划，并明确该区域将在未来 3 ～ 5 年内完成全部污染治理工作。杭钢地块整体修复工程污染情况较为复杂，地块土壤主要污染物为多环芳烃、重金属及氰化物等共 22 种，污染深度约为 6 m，地块地下水主要污染物为多环芳烃。

杭钢半山基地地块通过实施最佳管理措施，实现资源能源高效利用，具体措施包括：①强化方案前期设计。建立“异位修复 + 原位风险管控”的风险管控或修复模式，基于土壤类型选择修复技术，如有机物污染土壤采用原地异位热脱附修复，低渗透性污染土壤采用水泥窑协同处置，高渗透性污染土壤进行原地异位淋洗处理；同时选择最佳的工艺参数、优化现场布局。②智能化提升重点用能工艺与设备。引入修复工程智慧管理平台，对修复设备、污染物排放实时监控，实现项目资料、修复过程、机械设备、材料、一般固体废物运输和人员等科学管理。基于现场情况，动态调整工艺参数，异位热脱附至少减少 10% 的燃气用量，化学淋洗和废水修复药剂用量节省 5%。异位热脱附尾气采用燃烧室回用处理，减少 35% 的活性炭用量。污染地下水多用水池分散收集暂存，根据水体污染程度分类处理，减少修复药剂消耗，降低资源消耗水平。③强化清洁能源使用和废物资源化利用。部分监测设备采用光伏发电自供能；人员用车使用节能车辆，机械车辆使用 $0^{\#}$ 柴油或无铅汽油。对异位热脱附、化学淋洗及建渣冲洗过程中的废水进行回用，约减少 37% 的耗水量；污染土壤和建筑垃圾修复达标后回填，实现回收利用。④有效防范二次污染。密闭车间内暂存、预处理有机污染土壤；修复区采取“混凝土 + 两布一膜”方式进行防渗；控制开挖面积，减少土壤裸露范围，采取轻挖、慢转、轻放、清边清底准备、装车适量的开挖原则；车辆密闭运输，低速行驶，减少扬尘；根据大气实时监测情况精准投入洒水降尘。

案例 2 桃浦智创城位于上海西北部的普陀区桃浦镇，其前身为桃浦化学工业基地，是 20 世纪 50 年代上海首批化工区之一，也曾是上海市 3 个重污染地区之一，总占地面积约 3 500 亩。自 1997 年上海市政府实施“重污染地区‘摘帽’”政策以来，普陀区开始了漫长的环境修复和转型之路。特别是在 2012 年，区域转型的重点转向了废弃工厂的再利用，目的是通过建设城市公园来驱动整个区域的可持续发展。这个项目面临的主要挑战包括处理深度污染的土地和水体、保证区域水系的完整性与有效防洪，以及如何在被城市道路切割的条件下塑造一个引人注目的新景点，实现“棕地的蜕变”，激发区域经济、文化和生态共同发展。

项目团队采取了一系列创新举措应对这些挑战。他们的设计灵感来源于自然山谷，采用“行云流水 · 新自然”的设计理念，以棕地修复转型为首要目标，强调景观与城区融合（图 4-19）。目标是在保持地形自然美的同时，利用污染土作为新的建筑材料。这一策略不仅解决了污染土处理的问题，还创造出一系列连绵起伏、富有雕塑感的地形，形成中心城区“活动”与“自然”的新核心。

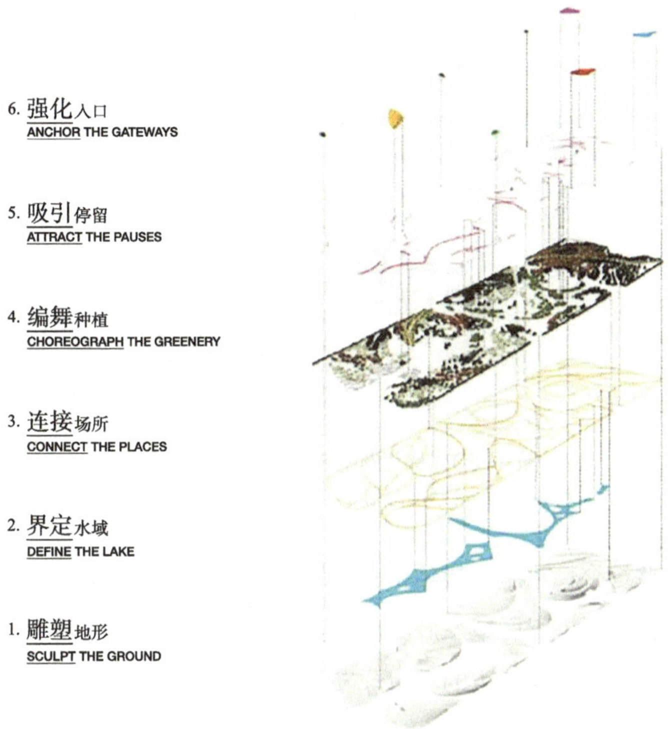

图 4-19 “行云流水 · 新自然”设计理念

资料来源：美国 James Corner Field Operation。

在水系设计上，考虑到上海地区内涝的问题，团队设计了一个创新的景观水系，包括通过高差、溢水管、调蓄池、人工湿地等设计，以实现雨水的有效收集和利用，共同构筑了中央绿地内完整的雨洪管理系统，充分体现了对海绵城市理念的应用和实践。种植设计则着眼于增强生物多样性和生态价值，以中心水道为轴，密林、疏林、花园和草甸相间布局，衔接周边城区。再配合本地特色植物和土壤改良型植物，通过植物提取、根际过滤、植物挥发及植物固定等方法，进一步去除大气、土壤、水体中的污染物，创造了别出心裁的新颖景致，不仅丰富了公园的空间，营造了多样的生境，也为游客提供了“移步易景”的自然体验（图 4-20）。

图 4-20 从北向南渐变——乔木种植

资料来源：美国 James Corner Field Operations。

通过这些综合性措施，桃浦中央绿地公园既成为一个棕地蜕变的典范，又是城市更新与可持续区域发展的成功实例，通过棕地修复转型为城市绿色空间，中央绿地可激发周边的城市开发和建设，进而吸引更多元的人群和企业入驻，为普陀区带来了崭新的面貌，充满了生机和活力。

4.5 工程小结

4.5.1 发达国家推动绿色低碳环境修复工程的实践经验

（1）环境修复工程侧重于最佳管理实践（BMP）

美国在环境修复工程中侧重于实施最佳管理实践（BMP），一是围绕核心元素开展的，包括可再生能源、材料和废物管理等方面的最佳管理措施；二是围绕不同的修复阶段开展的，包括调查监测、清挖和表面恢复以及修复阶段，其中修复阶段是围绕不同的修复技术开展的，包括地下水抽出处理技术、土壤气相抽提和空气曝气技术、原位热修复技术、生物修复技术的最佳管理措施；三是围绕不同类型的污染地块展开的，包括垃圾填埋场、矿山、地下储罐场地等修复的最佳管理措施；在日常修复活动中通过 BMP 改善操作细节，实现对项目环境负面影响的最小化，同时提高施工效率和成本效益。

（2）重视环境修复工程信息的公开、公示和宣传工作

在环境修复工程的实施过程中，欧美等发达国家或地区特别重视信息的公开、公示和宣传工作。修复方或管理部门利用官方网站（EPA 官网或因修复开设的项目网站）、社交媒体、美国土壤修复技术文献宝库（Clu-in）等平台发布详细的修复项目报告、修复进展和技术革新，通过媒体宣传、教育活动提高公众对修复案例的认识，并将案例信息以海报或宣传册形式上传至官方网站，便于从业人员、学者、学生和普通民众了解和参考。

（3）围绕五大要素开展环境修复工程评估

发达国家在环境修复工程的评估中，通常会围绕空气、水环境、土壤与生态、材料与废弃物、能源五大要素进行定性、半定量及定量评估。五大要素评估有助于解决施工过程中的二次环境污染，同时保障了环境影响的系统性和全面性。可更好地帮助相关管理人员优化项目设计和施工，实现更大的环境效益和社会效益。

（4）创新环境修复工程绿色低碳激励经济政策

为了促进环境修复工程的绿色低碳发展，发达国家创新了一系列经济激励政策。如绩效支付、缓解抵消银行或以直接补贴和税收支持的绿色财税政策，绿色采购政策、以环境认证、生态标签的绿色信用政策、投发绿色债券、

建立私人环境投资基金，成立双边开发银行、绿色银行等。通过激励措施，有效调动社会资本，加快环境修复产业的绿色转型。这些政策不仅有助于减少修复活动的碳足迹，还能提升项目的整体环境效益，推动可持续发展目标的实现。

（5）工程实施社会公众参与风险交流机制

发达国家在环境修复工程的实施中，强调社会公众的参与和有效的风险交流。通过建立开放的沟通渠道和参与平台，定期举行公众听证会和社区论坛，邀请居民、利益相关者和项目专家讨论修复计划影响，收集社区和公众意见反馈，通过促进公众参与决策，提升项目的社会接受度，保障修复活动能够顺利进行并取得预期效果。

4.5.2 2023 年度国内绿色低碳环境修复工程总结

（1）工程实施机制和模式试点方面

随着生态环境保护和可持续发展战略的深入实施，我国绿色低碳环境修复工程在实施机制和模式试点方面取得了显著进展，多个省（区、市）积极探索环境修复创新模式。如 EOD 多元组合模式、矿山修复 +EOD 模式（青海省海西州大柴旦行委矿山综合治理生态环境导向的开发项目）、流域修复 +EOD 模式（浙江省遂昌县仙侠湖流域生态环境导向的开发项目），在产企业源头管控模式（中国石化天津石化公司绿色化改造项目）、化工园区地下水污染源头管控模式（江苏泰州经开区化工园区地下水污染源头防控）、风险管控与景观提升模式（东方化工厂风险管控项目）、地块功能转换模式（河南信阳农药厂风险管控项目）、区域规划与整体管控模式（南充炼油厂土壤修复项目）、污染修复与土地开发协同模式（杭钢半山基地）、土壤工厂模式（上海宝山南大土壤修复工厂）等，这些模式的探索极大地丰富了我国环境修复领域的机制和模式，为将来绿色低碳环境修复发展奠定了工作基础。

（2）规划引导和政策激励探索方面

国内在绿色低碳环境修复领域的规划引导和政策激励探索持续深化，奠定了坚实的政策基础，促进了修复工程的发展。2019 年，《自然资源部关于探索利用市场化方式推进矿山生态修复的意见》（自然资规〔2019〕6 号），提出通过政策激励，吸引各方投入，推行市场化运作、科学化治理的模式，加快推进矿山生态修复；2021 年，《国务院办公厅关于鼓励和支持社会资本参与生态保护修复的意见》（国办发〔2021〕40 号），提出进一步促进社会资本参与生态建设，加快推进山水林田湖草沙一体化保护和修复，并为生态保护修复主体提供相关支持政策，如财政补贴、税收优惠。2024 年，财政部修订印发《重点生态保护修复治理资金管理办法》，针对山水林田湖草沙一体化保护和修复工程与历史遗留废弃工矿土地整治采取项目法分配资金，对符合规定的项目进行资金奖补。

（3）修复和管控技术体系创新方面

随着科技进步和创新能力的提升，新的修复技术和方法不断涌现，东方化工厂风险管控项目创新构建了面向大型复杂污染场地绿色修复和可持续风险管控项目的“绿色修复 - 监控预警 - 污染防控 - 弹性管控 - 价值提升”的关键技术体系，实现了棕地与景观价值融合提升，成功打造了美丽中国的先行区和示范区。

4.5.3 推动国内绿色低碳环境修复工程实践的若干建议

（1）加强现场执法、监督检查、强化二次污染防控

全国每年启动上百个污染地块的风险管控或修复工程。虽然《土壤污染防治法》要求实施风险管控、修复活动，不得对土壤和周边环境造成新的污染。但针对修复工程缺少二次污染防控的具体要求，土壤修复装备的二次污染治理设施技术不健全，针对修复活动的环境监管执法不到位，土壤修复环境监理和效果评估的工作依据不完善等因素，导致土壤修复二次污染扰民投诉甚至导致突发环境社会事件的情况发生。土壤修复的工程技术规范相对匮乏，土壤修复材料使用的准入机制缺失，土壤修复二次污染防治的制度基础和社会投入都需要系统加强。为了有效推进国内绿色低碳环境修复工程，必须加大现场执法与监督检查力度，确保修复过程中的环境标准得到严格执行，管理部门要针对修复活动及可能产生二次污染的关键环节、关键节点进行监管。创新监管与执法手段，通过遥感、大数据、智慧化平台等新模式，实时、准确掌握修复工程二次环境影响。同时，建立健全环境违法行为举报机制和快速响应系统，对违规行为实施严格的处罚，以此提高环境修复工程的执行力和效率。

（2）创新环境修复与管控工程模式，推动示范案例，积累工程经验

创新环境修复与管控工程模式是推动绿色低碳环境修复工程实践的关键。国内市场应尽快摆脱高耗能、高强度、单一的传统环境修复模式，积极推进 EOD、水土共治、修复 + 开发、源头管控 + 景观提升、修复工厂、土壤医院等模式探索；充分发挥地方生态环境部门的积极性，梳理当前各省（区、市）建设用地土壤污染风险管控和修复项目主要类型和特点，开展风险管控和绿色低碳环境修复试点工作，通过案例带动，试点先行，以“紧扣问题，先易后难、成熟一项推出一项”为原则，针对各类修复与管控开发对象和模式，逐步制定、完善相关技术规范与标准，不断探索可行路径，总结典型经验，发挥示范带动作用，促进我国土壤污染风险管控和绿色低碳环境修复应用实践。

（3）强化工程实施评估考核、信息公开和风险交流

工程实施的评估考核机制是保障修复工程质量和效果的重要手段。应建立一套科学、公正的评估体系，对工程的实施效果、环境影响和社会效益等进行全面考核；定期对修复项目进行评估考核，并实施长期的环境监测，确保修复成果的持续性和稳定性。同时，加强工程信息的公开和透明度。各省（区、市）生态环境主管部门应对本辖区内重点监管企业名录、污染地块名录、土壤污染修复工程名录进行公示，通过各种渠道公开“12369”环境保护举报电话和网络举报平台，方便公众举报监督；加强引导公众参与机制，修复过程及成效应及时通过官方网站、新闻发布会等多种渠道向公众通报，增加修复工程对公众的透明度。对于土壤污染防治、修复后土地再利用、涉及污染土壤的国土空间规划等与公众密切相关的制度政策文件的制定，应征求有关部门、行业协会、企业事业单位和公众等方面的意见，增加政策接受度。建立有效的风险交流机制。通过多种渠道，及时向社会公众和相关利益方传达修复工程可能产生的环境风险和应对措施；强化风险沟通与教育，提高公众对土壤污染及其风险的认知，促进社会对环境修复工作的配合度。

（4）鼓励工程实施中提升技术、装备、材料

推动我国绿色低碳环境修复工程技术创新。要以产业化应用为导向，不断提高自主创新能力，在工程应用中，加强新污染物治理技术、多元绿色修复联用技术探索，通过研发本土化智能修复装备，提升我国监测、监管、预警的相关设备自动化、信息化、数字化、智能化水平，从而增强我国修复设

备在大型复杂污染场地应用的实用性。同时市场应加大对新材料研发的投入，探索使用可再生材料，纳米材料、生物质材料等，从而减少对原生资源的依赖和高碳足迹。

（5）探索减税、补贴、转移支付等经济政策

经济激励政策，包括减税、补贴、转移支付等，已成为推动绿色低碳环境修复工程实践的关键工具。经济政策能够吸引社会资本通过自主投资、与政府合作（PPP）及公益参与模式融入生态保护与修复行业，从而降低政府实施绿色低碳环境修复项目的经济负担，提高项目的可行性和吸引力。为进一步激发市场活力和促进资源有效配置，积极探索包括产权激励、资源利用、财税支持、金融扶持（绿色基金、绿色债券、绿色信贷、绿色保险）、生态补偿等多元化措施，特别是对集中连片开展生态修复达到一定规模和预期目标的生态保护修复主体，允许依法依规取得一定份额的自然资源资产使用权、修复主体享受相关政府补助政策等。同时，通过转移支付机制，支持经济欠发达地区开展修复工程，从而促进区域环境质量的均衡提升。

参考文献

[1] 董占峰 . 全面推进美丽中国建设的环境经济政策创新研究 [J]. 生态经济，2023，39(12): 13-18.

[2] 桑春晖 . 氰化物污染土壤修复工程环境足迹评估方法和案例研究 [OL]. https://doi.org/10.19674/j.cnki.issn1000-6923.20240011.001.2024.

[3] 肖萌 . 农田污染钝化修复环境影响定量评估方法与案例分析 [J]. 中国环境科学 , 2023, 43(7): 3571-3581.

[4] 赵丹 . 发达国家 (地区) 污染场地修复现状及对中国的启示 [J]. 中国科学院大学学报 , 2023, 40(4): 441-452.

[5] 于岩岩 , 薛敏 . 激励社会资本参与生态保护修复的政策分析 [J]. 中国财政，2022(19):68-70.

[6] NPL 数据来源：https://www.epa.gov/superfund/superfund-national-priorities-list-npl.

[7] BRUYNINCKX, HANS. 2020. Soil contamination widespread in Europe.

[8] HOU, DEYI, ABIR AL-TABBAA, DAVID O' CONNOR, et al. 2023. Sustainable Remediation and Redevelopment of Brownfield Sites[J]. Nature Reviews Earth & Environment, 4 (4): 271-86.

[9] SONG, YINAN, DEYI HOU, JUNLI ZHANG, et al. 2018. Environmental and Socio-Economic Sustainability Appraisal of Contaminated Land Remediation Strategies: A Case Study at a Mega-Site in China[J]. Science of The Total Environment, 610-611: 391-401.

[10] Superfund Remedy Report, 17 th Edition. 2023. EPA.

[11] TENG, YANGUO, JIN WU, SIJIN LU, et al. 2014. Soil and Soil Environmental Quality Monitoring in China: A Review[J]. Environment International.

[12] WEBER, ROLAND, CAROLINE GAUS, et al. 2008. Dioxin- and POP-Contaminated Sites—Contemporary and Future Relevance and Challenges: Overview on Background, Aims and Scope of the Series[J]. Environmental Science and Pollution Research, 15(5): 363-93.

5

绿色低碳环境修复产业发展年度进展

Annual progress in the development of green and low-carbon environmental remediation industry

在国际上，环境修复产业主要包括受损害的生态环境恢复，受污染的土地、底泥、河流等修复。如美国自然资源损害赔偿和恢复（NRDAR）、欧盟的环境侵权责任（ELD）等，都涉及环境污染或生态破坏的侵权责任和环境修复。其中，污染土壤和地下水的环境修复，主要是基于风险的管理和修复，如美国的超级基金场地；而溢油等环境灾难或突发环境事件的污染修复则是面向生态恢复的污染清理和修复，如墨西哥湾漏油事件。

初步估计，美国包括污染地块修复、底泥污染修复、自然资源生态环境损害赔偿和修复等在内的环境修复产业，每年的市场规模在 1 000 亿～ 1 500 亿元人民币。有报道称，美国的环境修复产业规模约占全球环境修复产业的 50%。

在国内，环境污染修复主要是政府投资主导的流域治理、矿山修复和房地产开发驱动的污染地块修复。近两年来，土壤污染源头管控、在产企业风险管控（包括化工园区监控预警）等，也逐渐占据一定比例的修复市场规模。经初步估计，我国环境修复产业每年市场规模约 300 亿元人民币，包括污染地块、农田、矿山、河道、底泥等。

注：由于缺少系统完整的产业项目统计，后续的分析产业规模数字可能略有推测和专业初步测算的情况。

5.1 环境修复产业发展概况

5.1.1 国际环境修复产业发展概况

国际环境问题与经济发展形影相随，作为全球第一大经济体，美国同样经历了“先污染，后治理”的过程。1970 年，《国家环境政策法》（NEPA）出台，标志着美国环境修复与治理工作的开始与强化。美国环境修复产业的特点与世界上多数发达国家类似：①与经济发展阶段密切相关；②政策法规及标准主导性较强；③受公众和社会舆论影响较大。

全球的环境修复市场参差不齐，以土壤和地下水修复市场为例，根据 EPA 调查的土壤修复资金支出结构来看，2017 年美国联邦政府对美国超级基金拨款 10.6 亿美元、社会资本投入 14.6 亿美元、潜在责任主体（多为污染源企业或土地使用主体）支出 68 亿美元，全年修复市场规模约达 93.2 亿美元；

2018年，美国仅场地修复业务总额达到80亿美元。美国受污染场地数量约为29.4万个，修复市场规模为60亿～80亿美元/年，未来30～35年内约为2 090亿美元；加拿大受污染场地数量约为3万个，西欧受污染场地数量为60万～250万个，英国受污染场地数量约为10万个，澳大利亚受污染场地数量约为16万个，日本受污染场地数量约为50万个，中国受污染场地数量为30万～60万个。经预测，中国受污染场地数量基本保持8%的年增长率（张春龙，2023）。

发达国家整体过渡到了绿色低碳环境修复新时代，虽然走过弯路，但经过40多年的努力，发达国家积累了相关经验和教训，构建了系统健全的国家土壤污染责任体系，形成了强大的土壤修复工程–技术–咨询能力、技术装备和材料施工等相对成熟，在信息公开和公众意识提升方面成效显著，有力支撑了环境安全与国家环境健康，增强了促进社会经济可持续发展的环境污染修复战略储备能力。

环境修复行业诞生于20世纪70年代中后期，1961年，威尔士天鹅谷重建项目（世界上首个修复项目）的可行性研究报告首次提到社会利益和经济利益（Bromley, et al., 1979），场地修复在20世纪70年代较为关注成本；20世纪80年代各个国家开始进行技术可行性研究；20世纪90年代关键技术体系成为阻碍发展的主要矛盾，发达国家普遍开始采用基于风险的决策方式。1995年，荷兰发布了“风险–环境–成本”法（REC方法），第一次提出污染场地修复决策应考虑风险降低、环境效益和成本3个指标（Nobis, 1995）。进入20世纪80年代，发达国家的资金渠道与来源相对缺乏，众所周知的《综合环境反应、赔偿与责任法》（又称超级基金法）于1980年应运而生，美国政府设立了高达16亿美元的信托基金，专门用于治理无法确定责任方的污染场地（陈瑶、许景婷，2017）。

步入21世纪，发达国家开始探索并实践绿色可持续修复，全球环境修复产业发展已逐渐走向成熟，并进入后修复时代。以土壤修复产业为例，西方发达国家建立了基于土壤污染预防的立法机制和可持续的土壤环境保护政策体系，发展了绿色可持续的土壤环境修复管理与技术评价体系，如EPA的成本效益分析（Cost Benefit Analysis, CBA）技术手册和环境经济分析导则、英国环境部的场地修复CBA技术指南、瑞典污染场地清单管理手册，并提出了多元的保障区域土壤环境安全及激励棕地安全再利用的社会各方协作机制。例如2006年，美国成立了SuRF，成为最早的也是目前国际上重要的可持续修复组织。随后，在英国、加拿大、澳大利亚、意大利、荷兰等国家相继成立了SuRF机构并发布了各自的可持续修复指南或导则。2010年以后，国际上开始广泛倡导绿色低碳理念，相关标准、指南、导则陆续发布。进入2020年，绿色低碳和可持续修复进一步发展，智能生态和大数据成为新的发展方向；在气候变化背景下，环境修复领域进入适应气候变化的SRR时代。

发达国家的环境修复在资金、技术、政策、管理等方面，经历了认知缺乏（自“二战”开始至“二战”结束）、行业萌芽（“二战”结束至1970年）、蓬勃发展（1970—1990年）和趋向平稳（1990年至今）4个阶段，这4个阶段的发展也较好地契合了环境库兹涅茨曲线——环境质量开始随着人均收入的增加（GDP增长）而退化，环境污染上升到一定程度后随着收入的增加而下降，环境质量稳步改善。整体而言，西方国家应对环境污染控制和修复再开发已经形成了智能、高效、便捷和有序的环境再生和可持续的环境安全利用制度，1990—2000年已达到成熟阶段，当前已经进入绿色低碳可持续的GSR新时代和后修复时代。发达国家先后创造了基于矫正风险的环境修复制度、责任连带追溯和赔偿修复机制等，从最初的严格执法和污染威慑，到中期的修复基金和责任机制，再到后期的社区参与和鼓励开发。土地开发和修复的矛盾，供需并不是非常急迫，因此，绿色低碳可持续修复、柔性修复、韧性修复，与文化历史和景观设计充分结合等方式，为创造性地解决污染修复和土地开发提供了背景条件。

5.1.2 我国环境修复产业发展特征

我国绿色低碳环境修复发展的背景、形势、内容和方向与发达国家相比有一定的区别。除矿山、流域、土壤、海岸带外，我国环境修复还包括在产企业、工业地块、地下水管控等。

我国环境修复产业处于起步和发展阶段，这个阶段仍会持续较长一段时间。宏观政策的持续加码和需求的稳定增长吸引了众多企业布局环境产业，其中土壤修复行业企业数量较多；科技研发为绿色低碳环境修复发展提供了基础保障。《“十四五”工业绿色发展规划》提出：到2025年，我国绿色环保产业产值预估达到 11 万亿元。2020 年，中国节能环保产业产值已超过 8 万亿元。有行业内专家初步测算，到 2030 年，绿色低碳产业平均每年增长 8.6 个百分点，将拉动经济增长 0.96 个百分点；相关美国专家也预测中国土壤和地下水修复市场有 8% 的年增长率（张春龙， 2023）。结合中国现有的制度优势，我国将提早进入绿色低碳可持续时代，进一步拉动环境经济效益的提升。预计到 2035 年，“美丽中国”目标基本实现之时，我国环境修复产业进入成熟和发展顶峰时期。目前，我国环境修复产业呈现以下典型特征。

（1）我国环境修复产业的发展不充分、不完整、不平衡

在环境修复产业发展的驱动力方面，我国主要以房地产开发驱动或政府主导的修复投入为主，与发达国家环境责任驱动、土地开发驱动、政府财政投入相平衡的产业发展模式有较大差距。以土壤和地下水产业为例，中国主要驱动因素是国家、地方的财政资金投入和房地产驱动的土地价格再开发增值，土壤和地下水污染环境责任驱动因素目前占比较小。自 20 世纪 80 年代以来，美国超级基金土壤修复的官方预算金额和土壤修复预算占 EPA 的年度预算比例经历了快速上升期、回落期和平稳期。我国目前正处于快速上升期，国家和地方的财政资金投入和房地产驱动的土地价格和再开发增值是主要驱动因素。

在环境修复产业发展的资金量方面，我国环境修复的资金投入来源单一，规模偏小。以土壤修复产值为例，目前不足全国 GDP 的万分之一，与西方国家环境修复社会总投资占 GDP 比例有较大数量级的差异。据不完全统计，2016—2023 年，通过市场公开招投标的土壤修复产业总投资金额约为 1 123.49 亿元。其中，建设用地污染地块修复工程投入资金占比最高，约为 673.44 亿元，占修复产业总投资金额的 59.94%（图 5-1、图 5-2）。

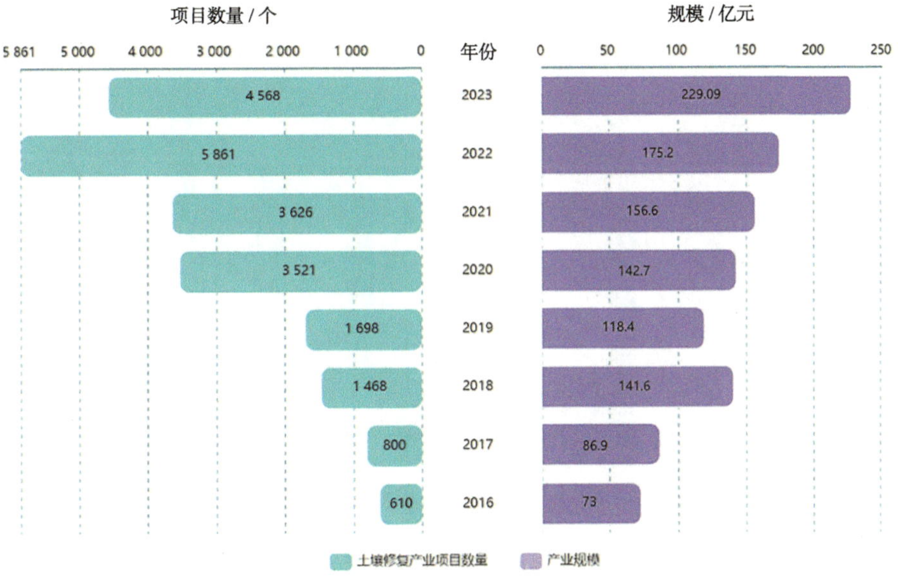

图 5-1　土壤修复产业项目数量统计

资料来源：生态环境部环境规划院编制团队绘制。

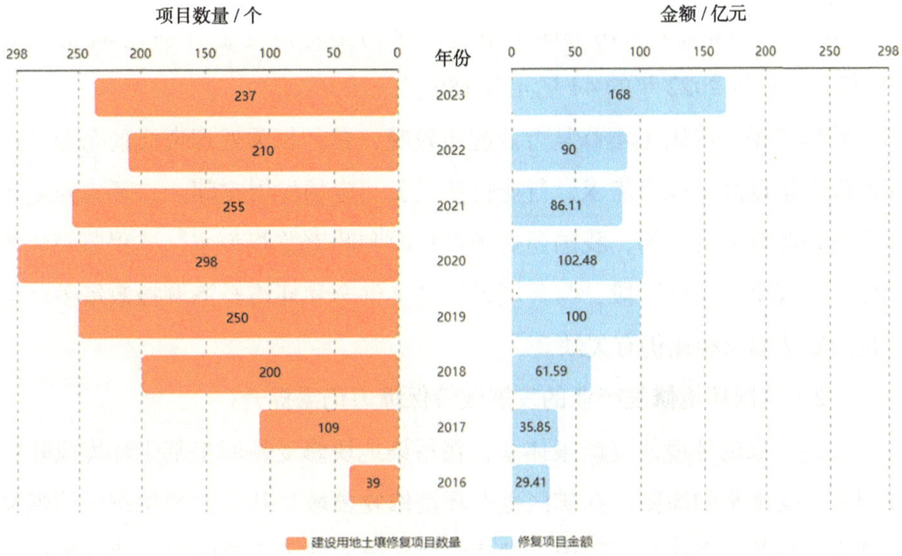

图 5-2　建设用地土壤修复项目数量及金额统计

资料来源：生态环境部环境规划院编制团队绘制。

从项目数量来看，土壤修复产业项目数量 2023 年较 2022 年下降 22%，全国土壤修复工程项目数量近几年总体趋于平稳，每年均为 200 ～ 250 个项目。从投资金额来看，近 4 年全国土壤修复市场总投资规模仍在增长（图 5-3）。

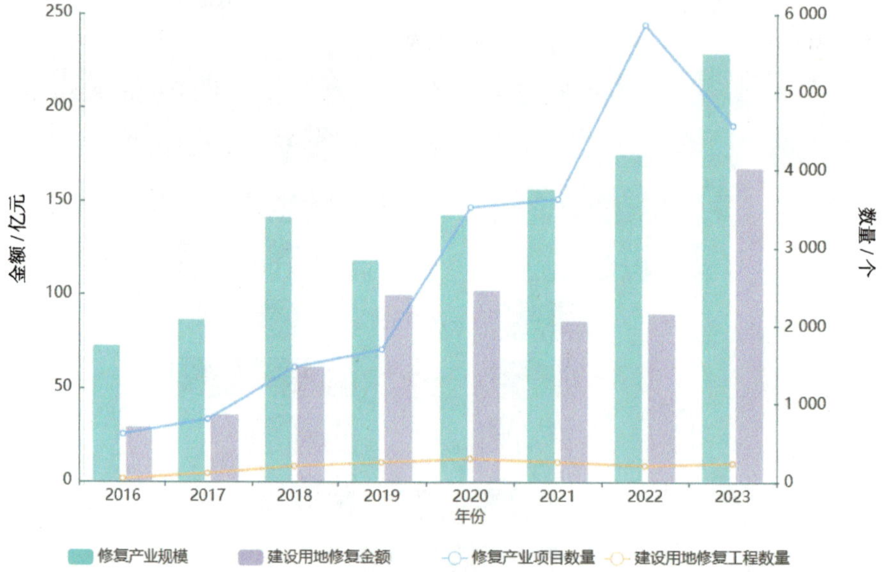

图 5-3 2016—2023 年土壤修复产业及建设用地修复项目数量、金额对比

资料来源：土行者公众号。

2023 年，我国土壤污染防治资金和水污染防治资金分别为 44 亿元和 170 亿元，相较 2022 年的 44 亿元和 180 亿元基本持平。

整体来说，我国土壤修复行业起步较晚，具备相关处理资质的企业的产业规模不足以满足社会需求，行业仍然具备一定的发展空间。在环境修复产业发展的监管制度方面，我国还处于以行政和政府监管为主，过程监管法规和标准不健全的初期阶段，与环境诉讼制度健全和环境经济调控政策手段多样化的发达国家相比仍有欠缺。

（2）我国环境修复产业的发展政策保障力仍需提升

发达国家的环境修复政策体系，在污染地块修复领域是基于环境风险管控到可接受水平的原则，在矿区生态环境修复领域是基于受损生态环境恢复到基线水平等。在这个过程中，发达国家充分发展了系统的法律法规责任体系、完善的资金保障和监管体系、强大的科技支撑和技术保障能力，如污染者 / 使用者付费制度、政府减少对产业经济干预、完善污染排放交易制度，这些在美国应用效果较好的排污成本内部化和市场化政策也正在我国逐步开展。目前，我国的环境修复主要围绕“吃得放心和住得安心”，修复的出发点和导向主要是削减健康风险。因此，基于自然的解决方案、面向环境效益最大化的修复导向和模式尚未得到充分发展。

（3）我国环境修复产业发展的最突出短板是科技创新

近10年来，虽然我国环境修复领域的科技研发和技术应用有了较快发展，但从技术装备来看，目前主流的修复工程依然在大量使用建筑、土方、岩土、农业、工民建等设备设施，修复专业的核心技术装备，尤其是二次污染控制装备的专业化、规范化、标准化和技术评估方面仍不健全。水泥窑协同处置技术、异位修复等发展较快，而有助于节能减排、减污降碳、环境友好、绿色可持续的修复技术发展较为缓慢。从修复材料来看，目前绿色、大宗、高效的修复材料研发、施用及长效评估机制仍没有得到较快发展和系统评估。从管理机制来看，环境基金制度、绿色低碳模式等环境修复管理机制在资金政策、区域统筹、宏观调控等方面仍需探索和完善。对绿色低碳可持续修复的理念关注持续增强，但是实践较少，我国土壤环境修复具备典型性和标志性的工程数量尚不多。

5.2 我国绿色低碳环境修复产业蓬勃发展

近10年来，我国在政策引导、技术储备、科研投入、宣传推广等方面持续发力，绿色低碳环境修复产业得到较快发展。

1）宏观政策导向和需求。2020年以后，中央和地方，以及各行各业都出台了推动和促进绿色低碳发展的相关政策、规划、标准等，而环境修复领域也针对性地提出绿色低碳治理要求，如“美丽中国”理念持续扩大影响力，《减污降碳协同增效实施方案》推行实施，政府部门在政策上引领农业生产、生态修复、地块治理、企业改造等多方面践行绿色低碳理念并保障逐步发挥作用。

2）产业发展基础和储备。欧美等发达国家和地区在40多年的发展过程中相继开展了绿色可持续修复的研究，并构建了相关产业发展基础，“他山之石，可以攻玉”，近年来，我国充分借鉴国外发展经验，学习借鉴国外先进成熟的修复技术和政策体系，充分发挥“后发优势”，实现“弯道超车”，迅速补齐短板。

3）科技研发投入和产出。绿色低碳环境修复科技研发的投入在“十三五”

和“十四五”期间得到了高度重视，在修复材料、技术、装备方法等方面积极探索，部分材料、技术和装备已在不同地区的地块案例开展了先行先试，为绿色低碳环境修复提供应用示范。

4）宣传教育引导和鼓励。随着《土壤污染防治行动计划》的出台，地方各行政机关充分重视环境污染修复，探索开展规划、调查、评估、修复、开发等阶段的全过程二次污染防治，2023 年为近 10 年“绿色低碳”在生态环境部官方网站被提及次数最多的一年，绿色低碳环境修复理念的宣传和推广在国家顶层管理层面、地方管理层面、相关社会组织等得到高效发展和突破性进展。

当前，绿色低碳环境修复在中国环境修复产业中已深入人心，无论是监管部门、施工单位、业主单位，还是咨询机构等的从业者，都秉持绿色低碳环境修复的憧憬和理念。从以下几个方面，可以综合识别我国绿色低碳环境修复产业发展的趋势和方向。

5.2.1 原位环境修复技术占比逐年增加

在环境修复技术应用方面，随着土壤修复产业规模的扩大，绿色低碳可持续的污染土壤修复技术的使用占比越来越高，具体包括基于绿色低碳材料的固化 / 稳定化修复技术、基于植物 - 微生物作用的原位生物修复技术、基于绿色高效药剂的原位化学氧化还原技术、基于高选择性填料的可渗透反应墙技术以及原位风险管控技术等。

通过对近年来已公开土壤修复技术应用情况的不完全统计（图 5-4），我国土壤原位环境修复技术应用占比逐步提高，土壤异位环境修复技术占比逐渐降低。随着我国原位环境修复技术应用的逐步推广，加强了绿色低碳环境修复发展的进程，但异位环境修复技术应用占比仍然较高，仍需进一步研究推广绿色低碳环境修复技术及进行绿色修复材料的研发。

同时，我国场地修复应用的技术，从以土壤水泥窑协同处置、异位固化 / 稳定化为主导，其他技术零星应用的局面，逐渐向化学氧化还原、热脱附、固化 / 稳定化等多种技术并重，原位和异位相结合的修复方法转变。

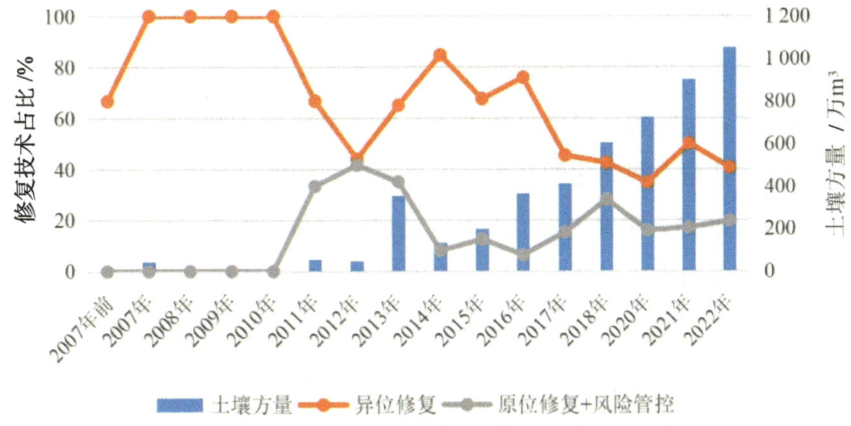

图 5-4　我国环境修复与管控技术应用类型变化趋势

资料来源：生态环境部环境规划院编制团队绘制。

5.2.2　环境修复技术趋向智能、精准、高效

绿色可持续修复的理念主要考虑整个修复环节中社会、环境、经济的代价。如某个地块如果不治理，对社会、环境、经济会有多大的影响。而治理这块地时采取的治理技术有时也会排放污染物，因此就要综合考虑，修复这个地块会对社会、环境、经济有多大影响。如果采用一项技术，对社会、环境、经济的负面影响比不修复这个地块还大，那就证明其不是绿色可持续的修复技术。绿色可持续修复的重点是从整个修复过程进行考量，由于大部分修复技术都是根据场地开发的用途及资金限度进行综合性治理，因此，筛查最佳的修复技术，实现环境污染的治理目标，技术研发的精准化和智能化至关重要。只有调查清楚、技术高效，才能给出可行的、价格合理的修复方案。

2023 年，我国对精准化和多层次技术研发重视的程度稳步提高。“十四五”时期我国生态环境保护向精准防污方向发展，这使得我国土壤环境调查技术将从满足最低要求向精准和高效的调查方向发展，各种技术手段的应用将更加注重精准性，如提出开展精细化调查、实施更科学合理的风险评估、运用更精准和高效的管控与修复技术等。2023 年 12 月，生态环境部发布的《关于促进土壤污染风险管控和绿色低碳修复的指导意见》明确提出：精准开展土壤污染状况调查评估，推进多学科、多方法、多手段调查技术的融合，精

准刻画污染范围、污染程度和水文地质情况。借助现场快速筛查技术，提高调查精准度和效率。

科技创新不仅带来社会的变化，也带动相关人士再一次用新的视角考虑环境修复产业，实现环境修复技术的跨越式发展，必须立足整合现有的学科和行业既有数据，智能化的技术研发是未来的发展趋势之一。国务院印发的《中国制造 2025》明确提出“着力发展智能装备和智能产品”“加快开展物联网技术研发和应用示范”，环境修复产业的技术研发也将呈现智能化、模块化、轻量化、低碳化的发展趋势，通过引入人工智能、物联网、云计算等技术，实现修复技术装备的自动化、智能化、网络化，提高其识别、判断、决策、执行等能力，提升其运行效果和管理水平。目前行业正加速形成面向场地的智能化、信息化的整体解决方案。例如，土壤和地下水修复产业已出现智能无损监测装备、原位快速检测传感器及设备、环境污染预警装备。

绿色低碳环境修复技术的准确应用、精细化管理能力、智能化发展仍有巨大的潜力。当前，国外的各种绿色低碳技术、装备、药剂纷纷进入我国，依靠引进、消化、吸收、国产化和自主研发，技术装备水平得到快速发展提升，也有大批具有海外咨询公司工作经验的高层次人才回国创业，形成一批成熟的技术装备，基本能够满足工业污染场地修复治理需求。部分技术水平已达到国际先进水平，如异位热脱附和淋洗技术等，但在场地采样与现场监测、环境检测和场地修复工程精细化实施等方面仍存在亟须解决和突破的问题。精细化、绿色高效技术研发应用的需求不断上升，包括低成本、绿色低碳和具备可持续性的原位水土共治、风险管控及配套的监测管理、在产企业修复和技术耦合等。先模仿、再超越，这一过程需要合理的修复时间、必要的资金投入、先进的技术装备材料和专业的技术管理团队。

5.2.3 绿色低碳环境修复理念传播高效迅速

2023 年，绿色低碳环境修复理念的宣传和推广在国家顶层管理层面、地方管理层面、相关社会组织等得到高效发展和突破性进展。

2023 年 2 月，全国土壤污染防治部际协调小组办公室印发《土壤污染防治工作简报》并在全国推广 2022 年度土壤污染防治先行区建设工作进展及典型做法，供国内相关部门开展工作。《土壤污染防治工作简报》指出 13 个先行区系统谋划，先行先试，制定建设方案，围绕耕地土壤污染源头预防、土壤污染重点监管单位源头预防、建设用地准入管理、调查质量监督检查、土壤污染防治信息化监管、综合防治示范等内容，13 个先行区利用中央资金共计 1.16 亿元，落实地方自筹资金 7.4 亿元。2023 年 12 月，生态环境部办公厅发布《关于促进土壤污染风险管控和绿色低碳环境修复的指导意见》（环办土壤〔2023〕19 号）（以下简称《指导意见》），此次文件的发布是国家部委首次在土壤修复领域提出“绿色低碳”理念，《指导意见》中要求：理念先行加快绿色低碳转型。《指导意见》从绿色低碳环境修复理念、减污降碳协同增效、探索推动创新实践和建立评价评估体系四个方面总结了我国绿色低碳环境修复理念传播的方向和内容，提出需要大力培育绿色低碳环境修复理念。坚持节约优先、保护优先、自然恢复为主的方针，大力宣传和培育绿色低碳环境修复理念，鼓励土地使用权人、行业协会、从业单位、公益组织和个人积极参与。倡导建设用地土壤污染治理率先践行绿色低碳环境修复。

以顶层管理政策文件为导向，各地的绿色低碳环境修复理论如雨后春笋般蓬勃发展。2023 年 4 月 17 日，由福建省生态环境厅主办，福建省环境科学研究院、福州市生态环境局承办的 “住得安心　净土有责”土壤生态环境保护科普宣传活动在福州举办。宣传活动分为现场实操和专家授课 2 个环节，旨在深入贯彻落实《土壤污染防治法》《福建省土壤污染防治条例》，形成人人守护净土，共建美好家园的良好氛围。2023 年 9 月，丰城市各乡镇大力宣传“第三次全国土壤普查”工作，“第三次全国土壤普查”宣传横幅和宣传栏遍布丰城市 32 个乡镇街办的大街小巷，通过朗朗上口的旋律，通俗易懂的标语让“第三次全国土壤普查”宣传工作更加“下接地气，上接民意”，为“第三次全国土壤普查”工作营造了浓重氛围。

与此同时，中国环境保护产业协会、中华环保联合会等社会团体也在积极推动我国土壤和地下水绿色低碳环境修复的宣传工作。2023 年 6 月，由中华环保联合会主办的“2023 生态环保知识大赛（贵州）暨绿色低碳发展论坛”，通过生态环保知识大赛、绿色低碳推动高质量发展论坛［院士讲坛、主旨报告、智慧环境分论坛、ESG（环境、社会和公司治理）高峰论坛、流域治理与绿色低碳发展论坛］等系列活动，按照党中央、国务院关于生态文明建设与生态环境保护工作的部署，进一步推进贵州生态环境优势持续巩固。

5.2.4 环境修复的环境足迹呈逐年下降趋势

随着“双碳”目标和绿色理念的深入人心，越来越多的专家学者提出对修复技术进行生命周期性评价是十分必要的，除了修复土壤过程可以直接排放温室气体，修复建造阶段设备制造的碳排放，修复运行阶段燃料燃烧、电厂发电的碳排放，后期处理阶段处理废物的碳排放以及这 3 个阶段交通运输的碳排放均是不可忽视的碳足迹。运用生命周期可持续修复理念，可以更好地从整体角度对修复过程各类环节的影响进行考量，如物质的输入 / 输出、材料和土壤的运输和开发，大小型耗能设备的使用等环节，不仅有助于识别修复过程中的能源消耗和排放热点，揭示修复活动本身对环境的直接影响，还能促进我国环境修复产业向更加绿色、低碳的方向发展，为未来的环境修复项目提供可靠的数据支持和科学的决策依据，运用系统的理念来看待修复技术的选择，推动修复技术的革新显得尤为重要（徐伟，2023）。

以土壤修复碳排放强度估算为例，“十一五”、“十三五”到“十四五”期间，碳排放强度于“十三五”时期达到顶峰阶段，“十四五”时期呈降低趋势。近年来，随着修复技术的改进及修复管理水平的提升，修复碳排放强度总体呈波动下降趋势（图 5-5）。

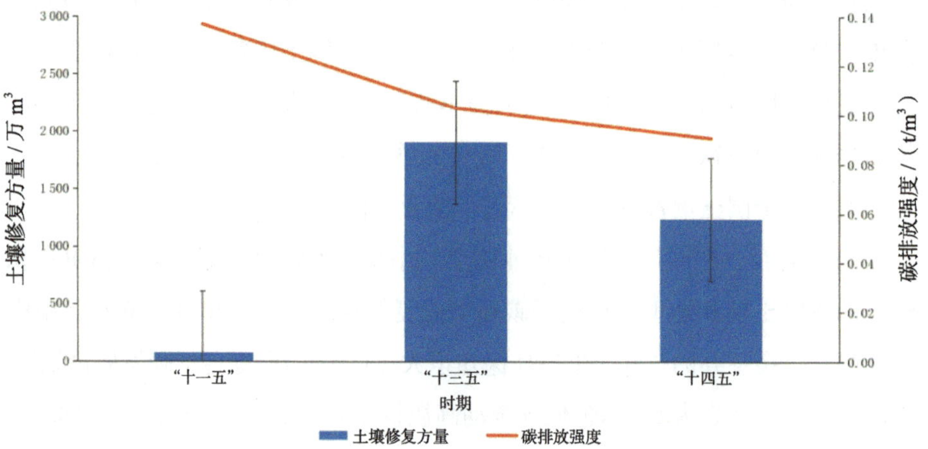

图 5-5 近 20 年来不同时期土壤修复碳排放强度估算

资料来源：生态环境部环境规划院编制团队绘制。

2023 年，碳足迹标准、标识认证加快落地。2023 年 11 月，《国家发展改革委等部门关于加快建立产品碳足迹管理体系的意见》（发改环资〔2023〕1529 号）中提出：到 2025 年，国家层面出台 50 个左右重点产品碳足迹核算规则和标准，一批重点行业碳足迹背景数据库初步建成，国家产品碳标识认证制度基本建立。预计 2024 年将有首批相关产品的碳核算标准和标识认证服务落地。

5.2.5 环境修复领域咨询服务比重提升

近年来，全球环境咨询服务市场的行业规模和市场空间也逐渐提升。根据全球及中国环境和社会咨询市场的历程回顾与发展概况分析：2022 年，全球环境和社会咨询市场规模达到 2 392.31 亿元，中国市场规模达到 210.28 亿元（图 5-6）。针对全球及中国环境和社会咨询行业市场发展现状及前景分析，预测到 2028 年，全球市场规模将会达到 3 278.04 亿元，预计年均复合增长率在 5.39% 上下浮动（睿略咨询，2023）。

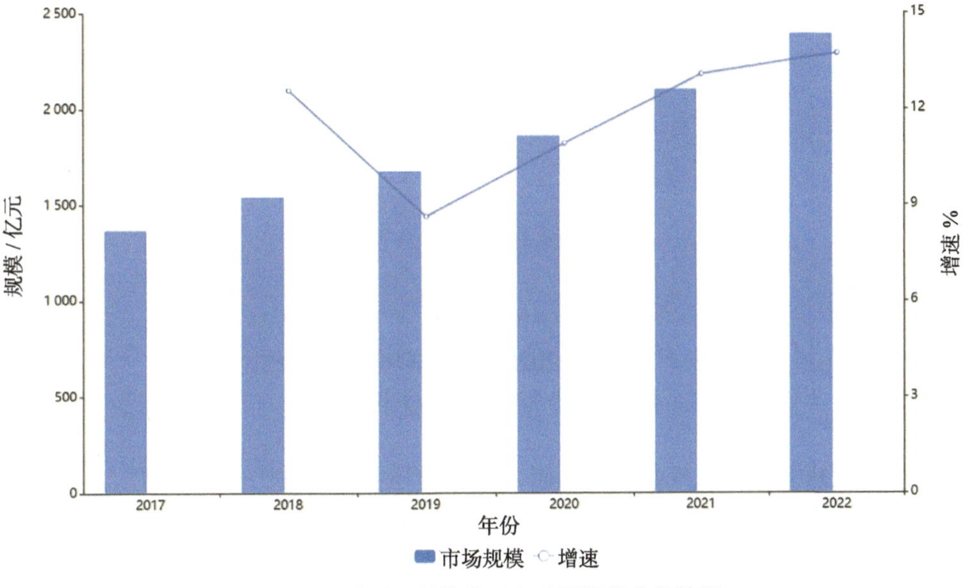

图 5-6　全球环境咨询服务市场规模变化情况

资料来源：华经研究院及睿略咨询。

在欧美国家（地区），以土壤修复行业为例，由于土壤修复的异质性强，完善的风险管理及监督和沟通全过程的特点，环境咨询机构和行业通常处于工业金字塔顶端，市场总量至少占该行业的 1/3。土壤修复工程实施的比重一般在行业的 1/2 以下，受到咨询和监管机构的有效指导和约束。

根据图 5-7 的数据分析，虽然中国过去几年土壤修复工程项目数量每年变动较大，但仍保持在 300 ～ 600 个；项目数量的增长主要来自咨询类项目。预计土壤修复工程项目依然保持分情况、分地区开展建设的稳定发展。而咨询类项目因囊括技术服务、工程监理、效果评估、勘察设计等服务，随着行业向成熟阶段迈进，将继续保持高速增长。

图 5-7　2016—2023 年中国环境咨询项目统计

资料来源：土行者公众号（本次统计中未列入 2022 年数据）。

环境修复咨询服务业发展迅速，在整个环境产业占比也逐年增加。但不可避免地出现区域差距较大、从业门槛低、市场竞争不规范等问题，这一定程度上制约了我国环境修复咨询服务业的发展。未来应在提高认识、规范市场、鼓励新模式创新、提升技术水平、加大监督执法力度等方面持续发力，以推动我国土壤修复咨询服务业健康发展。

5.3 我国绿色低碳环境修复技术发展关键因素

5.3.1 改进修复模式

（1）技术模式

在绿色可持续修复理念影响下，场地精细化调查、修复场地后评估及管控、污染阻隔、生物修复、农艺调控、污染物自然衰减监测等长效、经济的风险管控模式和修复技术方式将获得更多的应用。热脱附方面，原位加热技术将得到广泛应用，原位加热技术会朝电加热热传导、燃气加热热传导和电阻加热热传导方向发展；气相抽提、多相抽提、固化/稳定化、热解吸/脱附、淋洗、化学氧化/还原等技术应用将增多；直接推进式钻探、土壤修复专用采样和分析装备、药剂高精度混合技术装备、高压旋喷工艺装备等的国产化将继续推进；国产修复用模拟软件也急需取得突破（中国环境保护产业协会，2022）。绿色低碳可持续的理念并不能完全渗透到已有的技术模式中。精细化、智能化的技术方法将受到重视，先进的绿色可持续修复技术装备和一体化的绿色修复技术组合将逐步引领中国修复行业产业市场。

2023年1—7月，建设用地治理与管控工程共计110个，其中采用完整或部分风险管控修复模式的工程项目有15个，占比约13.6%，中标金额119 582.05万元，占15%。随着《关于促进土壤污染风险管控和绿色低碳环境修复的指导意见》的发布和房地产开发增长放缓，预计未来会有更多的建设用地土壤污染治理项目将因地制宜地采取风险管控模式，并结合原位修复、监控自然衰减等方式，践行绿色低碳环境修复，降低资源能源消耗，有效控制潜在二次污染风险。在确保达到风险管控或修复目标的前提下，实现环境净效益最大化和碳排放量最小化。

（2）商业模式

2023年，中国绿色低碳环境修复商业模式尚未形成。环境技术和服务细分是当前很多发达国家环保行业发展的最大特色，以美国为例，具体商业模式细分体现在环境整体解决方案、绿色改造及产品升级、技术及商务等咨询等；2008年，该领域整体创造了大约3 000亿美元的收入，出口了价值440亿美元的商品和服务，甚至超过了塑料和橡胶制品等行业的出口额。美国、日本和许多发达国家一致，环保产业发展从初期的污染防治、基础设施的建设到现阶段将环保理念融入绿色发展，细分商业模式并提升产品附加值和企业竞争力，是发达国家环保产业共同遵循的道路。

（3）创新模式

随着生态环境导向的开发（EOD）项目相关政策的颁布，土壤修复领域积极创新拓渠，探索新模式新业态。以生态环境导向的开发（EOD）模式为代表的商业模式不断创新，用EOD模式加快推进了土壤修复项目实施，有利于形成土壤修复行业高质量发展新格局。2023年12月，生态环境部办公厅、国家发展改革委办公厅、中国人民银行办公厅、金融监管总局办公厅联合制定了《生态环境导向的开发（EOD）项目实施导则（试行）》，为有序推进生态环境导向的开发（EOD）模式创新指明了方向（中国环境保护产业协会，2022）。

在土壤污染防治领域，试点示范修复＋开发创新模式、结合实际案例探索基于自然的韧性修复模式、源头管控＋景观提升模式逐步发展，2023年以来，部分农药、化工行业重度污染地块响应了《中共中央　国务院关于深入打好污染防治攻坚战的意见》的倡议，再开发利用时被用于拓展生态空间。

2018年8月31日，第十三届全国人民代表大会全票通过了《土壤污染防治法》，“水土共治”首次得到立法的确认，为我国防治土壤和地下水污染迈出了坚实的一步。近年来，相关从业人员在土壤修复项目实践中逐渐认识到，单独开展土壤修复或地下水修复并不能彻底解决污染问题。“水土共治”理念随之进入土壤修复专业人员、机构及管理部门的视野。只有采用水土共治，同时消除土壤和地下水中的污染物，才能彻底解决环境问题。“水土共治”不仅是一个理念，更是一项复杂的系统工程，它要求采用科学系统的方法准确掌握土壤和地下水的不同污染特性，使用一种或多种修复技术，同步对受污染土壤和地下水展开修复。

2022年1月，生态环境部等部门联合印发的《“十四五”土壤、地下水和农村生态环境保护规划》中明确提出要探索污染土壤“修复工厂”模式。目前，上海、湖南、广西、广东、浙江等省（区、市）均已有“修复工厂”投入建设、运营试点。目前，我国“修复工厂”建设处于起步阶段，尚未形成可供推广借鉴的成熟范式，各方面均需要进一步完善（籍龙杰，2022）。以修复工厂为代表的新兴环境服务模式的出现与发展，将有效推动中国环境修复产业多元化、可持续发展。

5.3.2 创新修复材料

为了提高土壤修复技术的效果和效率，发达国家不断进行技术创新，将新技术、新材料应用于实际工程中，推动土壤修复技术的创新和推广应用。

我国绿色低碳环境修复材料的研发与创新目前主要集中在两方面——生物修复材料和物化修复材料。目前，以微生物菌剂材料为基础的生物修复技术已广泛应用于多种污染场地，对重金属污染场地和有机物污染场地有较好的修复效果，可实现对污染物的降解，同时材料也为绿色低碳环保材料。

另外，物化修复材料主要包括绿色低碳的缓释型氧化剂以及用于活化/催化氧化剂的金属材料和非金属材料。活化/催化氧化剂产生自由基的能力对于修复应用较为重要，碱活化剂目前在场地中的应用较成熟，但是需要调节 pH 至 10.0 以上，对环境影响较大（Santos et al., 2018）。为降低对环境的影响，国内外学者开展了绿色低碳的氧化剂催化材料的研究，可分为金属活化材料和非金属活化材料。金属活化材料具有容易获得、催化活性好、催化速度快等优点，且该材料在使用过程中仅生成铁腐蚀产物以及少量含氧酸根，不会产生二次污染。碳材料是研究最多的非金属活化材料，主要包括活性炭、生物炭、表面化学改性碳材料、杂原子改性碳材料、碳材料负载金属及金属氧化物等，但目前该部分研究国内还处于实验室研发阶段。

我国对于绿色低碳环境修复材料的研发已初见成效，但与发达国家相比仍有较大的差距。风险管控作为经济绿色的污染场地管理新模式，在我国有着较为广阔的应用前景，是作为修复目标难达到以及暂不开发利用的污染地块管理的最佳选择方案。但在风险管控中，使用的阻隔膜与混凝土是阻隔技术投入的主要材料，产生了一定的二次环境影响。因此，在保障风险管控效果的前提下，可优先采用绿色低碳原材料进行替代，如再生混凝土和新型土工膜。在减排路径方面，风险管控由于其实施特性，避免了药剂等材料的投加，可较大程度削减碳排放。

对于土壤修复工程，各修复技术中均以药剂材料、交通运输为最主要环境影响贡献因子。主要是由于目前使用的修复技术在修复过程中使用了大量的硫酸亚铁、多硫化钙、焦亚硫酸钠等还原剂，以及生石灰、盐酸等稳定化材料和 pH 调节剂，这些药剂在自身生产过程、修复投加使用过程和修复后残留均会产生二次环境影响。

为实现绿色低碳环境修复产业发展，在修复材料方面还要加大投入研发，对土壤修复中涉及易产生二次环境影响的环节，如化学药剂添加、能源消耗、物料运输等方面，尽可能地采用绿色低碳的修复材料代替，通过多手段、多角度减排措施联用，进一步推动我国绿色低碳环境修复的发展。

5.3.3 研发修复装备

根据各大土壤修复相关上市公司 2022 年年报，土壤修复类在研项目中涉及修复装备的项目共计 17 项。修复装备项目总投入资金约占全部在研项目资金的 43%。所有修复装备投入资金最大的前两位分别为建工修复的生物修复一体化智能装备及制造工艺研发 R2010-1 项目和原位热强化化学氧化 / 还原耦合修复技术与装备研发 R2007 项目，投入金额分别为 645 万元和 613 万元。在所有修复装备相关的在研项目中，涉及原位热修复方向的修复装备有 7 项，占比最高，其他热点方向分别为土壤淋洗方向和生物修复方向。

深圳市、河南省均于 2023 年启动了绿色低碳环境修复相关的技术、装备等征集工作。2023 年 6 月，深圳市发展和改革委员会发文，开展 2023 年深圳市绿色低碳技术、设备（产品）征集工作，征集范围包含节能环保、新能源汽车、清洁能源、生态保护修复与利用、基础设施绿色升级等领域的新技术、新工艺、新产品。2023 年 8 月，河南省科学技术厅公示河南省绿色低碳先进技术成果受理情况，涉及能源领域绿色低碳、生态保护与修复等 11 个领域。

然而，如今的绿色低碳环境修复装备仍然存在一些问题和不足，主要表现在能耗高、排放多、效率低等方面。这些问题和不足与绿色低碳的发展理念相背离，不利于实现土壤污染防治和修复的可持续发展。将绿色低碳可持续的理念融入修复技术装备，需要从以下几个方面着手：

1）设计绿色化。即在修复技术装备的设计阶段，充分考虑其对环境的影响和适应性，选择环保材料，优化结构布局，减少噪声、粉尘、气味等污染物的产生，提高设备的安全性和稳定性。

2）制造低碳化。即在修复技术装备的制造阶段，采用节能降耗的工艺和设备，控制原材料和能源的消耗，减少废弃物和废热的排放，提高设备的质量和寿命。

3）运行循环化。即在修复技术装备的运行阶段，采用高效节能的模式和参数，实现资源的回收和再利用，减少二次污染和资源浪费。

4）管理智能化。即在修复技术装备的管理阶段，采用信息化、数字化、网络化等手段，实现设备的远程监控和调控，提高设备的运行效率和维护便利。

5.3.4 提升生态景观

（1）政策层面

2023 年 12 月，生态环境部发布《关于促进土壤污染风险管控和绿色低碳修复的指导意见》，明确指出合理规划受污染土地用途，充分考虑土壤污染情况和风险水平，结合留白增绿相关安排，合理规划土地用途，保护人体健康。鼓励农药、化工等行业重污染地块优先规划用于拓展生态空间。对暂不开发利用的关闭搬迁企业地块及时采取制度控制、工程控制、土地复绿等措施，强化污染管控与土壤固碳增汇协同增效。因地制宜推动严格管控类农用地退耕还林还草增汇，因势利导研究利用废弃矿山、采煤沉陷区受损土地、已封场垃圾填埋场、污染地块等规划建设光伏发电、风力发电等新能源项目。

（2）技术层面

作为我国土壤与地下水绿色低碳环境修复产业的重要组成部分，风险管控与生态景观提升手法近年来逐渐被公众知晓和了解。在过去，大多数土壤修复项目规划用途为可开发的居住用地，随着绿色低碳环境修复理念的宣传和绿色低碳环境修复技术、材料、装备的发展，土壤修复的风险管控模式和生态景观用途的规划方向越来越被公众熟知，越来越多的重污染地块在前期规划中或在修复过程中被调整规划作为生态景观用地使用。

（3）学术层面

中国知网主题检索“景观生态修复”（图 5-8），经分析研究发现，2019 年发布相关学术论文 10 篇；2020 年发布相关学术论文 15 篇；2021 年呈现急速增长趋势，发布学术论文 22 篇，其中包含滨河与滨海生态修复 15 篇，矿区（采石）生态修复 5 篇，工业废弃地生态修复 2 篇；2022 年论文发布数量与 2021 年持平，为 22 篇，包含滨河与滨海生态修复 15 篇，矿区（采石）生态修复 5 篇，工业废弃地生态修复 2 篇；2023 年呈现缓慢增长趋势，检索到相关学术论文共计21篇，其中包含滨河与滨海生态修复7篇，矿区（采石）生态修复5篇，工业废弃地生态修复2篇，其他类别7篇。

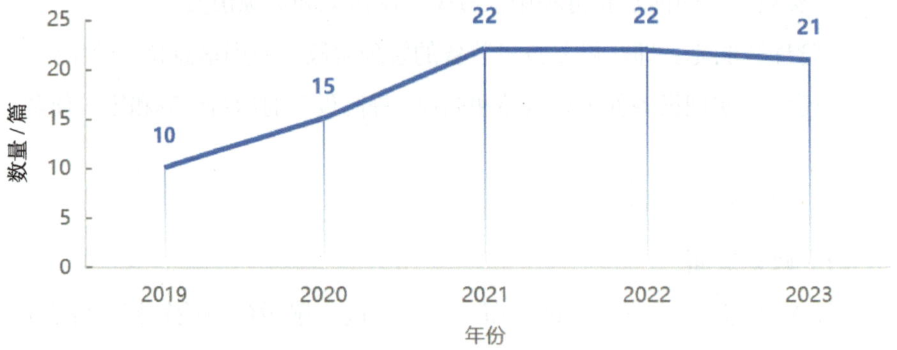

图5-8　2019—2023年生态景观修复相关学术论文发布情况

资料来源：中国知网。

有关棕地景观的学术文献发布时间主要集中在2021—2023年，同时，学术文献多数围绕“滨河与滨海生态修复”和“矿山修复”，对于建设用地污染场地的棕地景观学术文献较少涉及。

（4）实践层面

2023年，全国各自的棕地景观修复项目逐渐进入公众视野。如前文所述，北京市城市副中心通州绿心森林公园构建了面向大型复杂污染场地绿色修复和可持续风险管控的“绿色修复-监控预警-污染防控-弹性管控-价值提升”的关键技术体系，并于2023年10月获得世界绿色设计组织2023年度绿色设计国际大奖。

2023年10月，《中国环境报》发布名为《信阳农药厂地块嬗变为城市“绿心”》的文章，文中指出：针对原信阳化工总厂农药厂地块污染问题，坚持生态优先，从群众关切出发。从治理之初，信阳市政府就下定决心，不惜一切代价，坚决完成治理任务，也坚持实事求是、因势施策。根据2021年11月2日《中共中央　国务院关于深入打好污染防治攻坚战的意见》提倡从严管控农药、化工等行业的重度污染地块规划用途，确需开发利用的，鼓励用于拓展生态空间的建议，原信阳农药厂地块在2022年由一类居住用地调整为二类低扰动低敏感用地，在收回土地使用权后按照二类用地绿地的标准实施风险管控，打开了对这块“毒地”的修复思路。结合土壤污染情况及时高效地将地块调整为生态绿地，及时确保治理成效。2023 年 3 月，该地块风险管控施工全部完成，并于 5 月顺利完成效果评估评审，为地块安全利用奠定了坚实基础。原信阳农药厂地块治理项目生动践行了“精准治污、科学治污、依法治污”理念，通过科学风险管控实现土地安全利用，促进了环境保护与经济社会协调发展，为实现“美好生活看信阳”擦亮了生态底色。

5.3.5 强化宣传培训

据生态环境部官网公开数据统计可知，2023 年为近 10 年“绿色低碳”在官方被提及次数最多的一年。根据官方公开信息数据，2014—2016 年为中国绿色低碳宣传力度缓慢增长期，2017—2019 年为第一个宣传爆发期，2020—2023 年为第二个宣传爆发期。截至 2023 年 12 月 31 日，2023 年有关绿色低碳的信息公开、政策文件、法规标准、要闻动态、业务工作、机关党建、政务服务等内容相较于 2022 年呈基本持平的趋势特征（图 5-9）。

图 5-9 近 10 年绿色低碳宣传引导数量统计

资料来源：生态环境部官网。

5.4 产业小结

5.4.1 本章结论

1）我国绿色低碳环境修复产业得到较快发展。推动绿色低碳发展是国际潮流、大势所趋、民生所系。党的二十大报告指出“要加快发展方式绿色转型”，中央经济工作会议强调“要推动经济社会发展绿色转型”，政策号角已经吹响，我国绿色低碳环境修复产业正迅速发展。

2）国内外环境修复绿色低碳发展有较大差异。全球加快绿色低碳环境修复已势不可当。早在20世纪70年代，欧美国家（地区）便开始开展一系列环境修复工程，绿色可持续修复这一理念早已进入国际视野。我国环境修复仍处于发展阶段，修复活动在降低碳排放、减少二次环境影响、提升绿色可持续水平等方面有巨大改进空间，在及时总结国际经验并在分析我国国情的基础上提出我国绿色低碳环境修复路径十分必要。

3）确保修复产业绿色低碳持续发展仍需加强。发达国家绿色低碳环境修复由于背景、对象和目标等差异，出现了各具特色的概念、评估和实践体系，但都趋于向节约资源、减少能源和基于自然的解决方案的方向发展。我国绿色低碳环境修复行业发展的历史机遇和挑战并存，需要提前谋划、整体设计、综合施策，明确目标定位、重点任务、阶段划分、实施路径，实现环境修复在地块、区域和国家层面更加显著的社会效益、经济效益、生态效益（韩颖等，2023）。

4）科技研发是促进修复产业绿色低碳发展的第一动力。政府鼓励行业协会、从业单位聚焦风险管控和绿色低碳环境修复中的关键问题，加快关键共性新材料和新装备等科技攻关。环境友好型管控修复材料、低排放、低能耗的新型管控修复装备等科技研发是促进修复产业绿色低碳发展的第一动力，绿色低碳环境修复领域的科技研发系统布局在我国至关重要。

5）景观提升是推动修复产业绿色低碳发展的核心驱动。据联合国估计，到2050年，人居环境用地扩张速度将加倍，因此已开发地块的重复利用和振兴是非常必要的，欧盟委员会采纳的“到2050年实现零净用地”倡议意味着欧洲联盟几乎所有未来的城市化都需要发生在棕地上，景观提升是棕地发展的一大热门方向。目前在我国，越来越多的重污染地块在前期规划中或在修复过程中被调整规划作为生态景观用地使用，棕地景观逐渐进入公众视野。2023年，政府官方文件指出鼓励结合留白增绿相关安排，鼓励农药、化工等行业重污染地块优先规划用于拓展生态空间，棕地景观发展是未来推动我国修复产业绿色低碳发展的核心驱动力。

6）修复产业绿色低碳发展是实现弯道超车的核心路径。当前，先进的绿色修复技术组合正引领全球修复产业的主流市场，我国推广绿色低碳可持续修复与风险管理，可以提高综合效益，降低二次污染，降低治理成本。相对于发达国家已经进入绿色低碳可持续修复的中后期时代，管理政策和标准导则均偏向引导性和非强制性，我国绿色低碳环境修复产业正处于快速发展的标准约束期，后续产业规模持续增加，绿色低碳可持续的压力剧增，我国必须充分借鉴国际先进经验，加强绿色低碳可持续修复技术和管理体系的推广、研发和应用，加强管理约束和政策引导，以我国实际国情作为基本出发点，系统谋划、组织我国的绿色低碳环境修复产业，这是促进我国绿色低碳可持续修复的关键要素。

5.4.2 产业建议

1）稳步扩大环境修复产业产值规模。行业经过 10 余年的发展，从最初数十家单位发展到目前 10 090 余家，从业人员 47 157 人，行业从业规模增长显著（李书鹏等，2024）。但我国行业发展仍处于发展壮大期，随着企业拆除腾退和调查评估，许多城市仍在涌现污染地块，中国绿色低碳环境修复产业仍然面临着总量较小且系统性、宏观调控不足的问题，产学研用的绿色低碳化脉络体系未打通。党的二十大胜利召开及“十四五”规划顺利推进，党和国家对生态文明建设作出了新的、全面系统的规划部署，立足新发展阶段，我国环境修复产业也迎来了新一轮发展机遇，稳步扩大环境修复产业产值规模是必由之路。

2）逐渐平衡环境修复产值合理比重。根据自然资源部土地整治中心的数据，我国的土壤污染修复产业产值尚不及环保产业总产值的 1%，而这一指标在发达国家中达 30% 以上。历史上，土壤污染是和水污染、大气污染一并出现，但受制于成因复杂、权责不明、资金来源不足及盈利模式不清等诸多问题，相关治理长期落后于水、大气的治理。产业要达到目标规模和合理比重尚需时日，建议从整体环境修复领域综合考虑产值比重，均衡发展。

3）探索创新环境修复产业经济政策。迫切需要借鉴国际经验，引进多种经济政策和金融手段，规范资金管理，提升使用效益，加强信息公开，从而鼓励激活环境污染修复市场多元化，推动环境污染治理从财政转移支付和房地产开发驱动向环境污染责任驱动和生态环境价值提升驱动转变。

4）逐步拓展环境修复产业资金渠道。随着房地产开发增速的放缓，我国环境修复行业的资金来源必然受到影响。建议在以房地产开发带动场地修复的传统模式外，在资金方面，建议系统评估各地建立的环境污染防治基金的使用效能，并积极申报国家环境污染防治相关资金，借鉴日本公害受害救助体系、美国环境公益损害救济制度、欧盟国家环境责任保险制度等环境污染责任制度，创新和激励私人融资渠道、土壤银行与土壤医院等绿色修复与开发，探索环境修复产业经济政策和资金来源。

5）积极健全绿色低碳环境修复管理政策。我国各地积极推动谋划高质量绿色发展管理体系，但目前仅在法规等管理政策中释放鼓励支持绿色低碳环境修复理念的信号，专业精准的指导性文件较少。建议通过制定技术规范，发布技术指南，加大考核评估，发布年度报告等措施，促进绿色低碳环境修复产业规范发展，鼓励各地区结合实际情况，通过创新经济政策模式和探索可持续风险管控机制，发展与国际接轨的绿色低碳环境修复理论体系和管理实践。

6）创新发展绿色低碳环境修复技术模式。尽管绿色低碳环境修复一直是国内外环境修复发展的目标，但近年来，在社会对修复达标不确定性包容性低、行政追责风险高等现实情况下，部分业主倾向于使用高能耗手段，原位、原场、多元化的修复技术创新生存空间逐渐萎缩。在“双碳”目标被高度重视的当前，环境修复行业亟须构建同步考虑“减污降碳”的技术及评价体系，并向全社会推广。管理部门也应将绿色低碳作为修复策略选择的重要依据，创新发展绿色低碳环境修复技术模式。

参考文献

[1] 张春龙 . 土壤和地下水修复原理、实践和可持续性 [M]. 北京 : 科学出版社，2023.

[2] 中国环境保护产业协会 . 2021 年中国环保产业发展状况报告 [R]. 中国环境保护产业协会 , 2022.

[3] 陈瑶 , 许景婷 . 国外污染场地修复政策及对我国的启示 [J]. 环境影响评价，2017, 39(3):38-42.

[4] 徐伟 . 生命周期理念下的土壤修复过程碳排放思考 . 上海 : 中林碳服网，2023.

[5] 睿略咨询 . 2023 年全球与中国环境和社会咨询市场现状解析与未来规模展望报告 [R]. 睿略咨询 , 2023.

[6] 中国环境保护产业协会 . 加快推进生态环保产业高质量发展　深入打好污染防治攻坚战　全力支撑碳达峰碳中和工作行动纲要（2021—2030 年）[R]. 中国环境保护产业协会 , 2022.

[7] 籍龙杰，张婧卓，陈梦巧，等. 污染土壤修复中心的发展现状及方向展望 [J]. 化工环保，2022, 42(2):125-133.

[8] 韩颖，邓璟菲，高铭晓，等 . 污染地块绿色可持续修复的国际进展及我国的发展路径分析 [J]. 环境保护 , 2023, 51(1):62-67.

[9] 李书鹏，邢轶兰，龙涛，等 . 2023 年土壤和地下水修复行业评述及 2024 年发展展望 [R]. 中国环境保护产业协会 , 2024.

[10] BROMLEY R D F, HUMPHRYS G, SWANSEA U C O. Dealing with dereliction : the redevelopmentof the Lower Swansea Valley [M]. University College of Swansea, 1979.

[11] NOBIS. Risk Reduction, Environmental Merit and Costs.REC-Method Phase1, 1995.

[12] SANTOS A, FERNANDEZ J, RODRIGUEZ S, et al. Abatement of chlorinated compounds in groundwater contaminated by HCH wastes using ISCO alkali actived persulfate[J]. Science of the total environment, 2018, 615:1070-1077.

6

绿色低碳环境修复年度发展总结

Green and low-carbon environmental remediation Annual development summary

6.1 报告结论

我国绿色低碳环境修复基础较为扎实，在管理政策、产业规模、技术方法、科技研发、理念传播等方面均取得了较快进展，但总体仍处于不平衡、不充分、不系统的发展初期阶段，在产业发展的驱动力、资金量和监管力等方面，与国际水平相比仍存在较大差距。当前，我国土壤环境管理正处于面向美丽中国建设的重要历史机遇期，推进绿色低碳环境修复对于落实我国土壤污染防治系列政策具有重要意义，是推动我国土壤环境治理和风险管控现代化的重要基础，也是实现环境修复产业创新发展和弯道超车的核心路径。

长期来看，推动修复产业绿色低碳持续发展的坚实保障是加强政策引导，第一动力是创新科技研发，核心驱动是促进景观提升。当前，我国绿色低碳环境修复发展仍面临综合模式、管理制度和持续健康发展的长效机制缺失问题。今后，迫切需要完善政策引导核心措施，补足科技创新突出短板，强化监管重要支撑作用，突破资金不足关键“瓶颈”，不断推动我国绿色低碳环境修复稳定、健康、可持续发展。

6.1.1 我国绿色低碳环境修复基础较为扎实

党的十八大以来，国家高度重视生态环境保护与修复工作，将生态文明建设纳入“五位一体”中国特色社会主义事业总体布局。2018 年全国生态环境保护大会上，习近平总书记强调要坚持“绿水青山就是金山银山，贯彻创新、协调、绿色、开放、共享的新发展理念”“强化土壤污染管控和修复”；2023 年习近平总书记再次在全国生态环境保护大会上指出，要正确处理五个重大关系，“坚持把绿色低碳发展作为解决生态环境问题的治本之策”，为推动我国绿色低碳环境修复指明了方向。“十四五”以来，随着党中央、国务院和各领域相关主管部门发布一系列法规政策，我国绿色低碳环境修复开始在减污降碳协同增效、能源资源节约利用、循环发展经济体系、生产生活方式绿色转型、先进技术与科技支撑、现代环境治理体系等社会经济多方面，逐步交织形成较为全面的政策保障基础，不断向整体保护与系统修复、重点攻坚和协同治理、自然恢复和人工修复的高水平保护方向延伸推进。

随着政策支持力度不断加码、管理导向不断明确、市场需求稳定增长，我国环境修复产业日益壮大，为绿色低碳环境修复产业健康发展打下坚实基础。一方面，土壤修复项目数量和资金规模逐年增长，2016—2023 年，通过市场公开招投标的土壤修复产业总投资金额约 1 123.49 亿元，2023 年产业规模 229.09 亿元，约是 2016 年产业规模的 2.1 倍；另一方面，风险管控和绿色低碳环境修复理念得到初步实践，涌现一批重点行业污染地块实施“环境修复 + 开发建设”、开展风险管控、拓展生态空间、支撑地区高质量发展的典型案例。具体来看，修复管控模式方面，风险管控和原位修复技术应用占比逐年增加；工程管理水平方面，环境修复全过程管理趋向智能精准高效；行业理念认同方面，绿色低碳环境修复理念传播高效迅速；减污降碳协同方面，环境修复全过程碳足迹和环境足迹下降趋势初显；修复产业构成方面，环境咨询服务类项目比重逐年增加。

近年来，环境修复相关科技项目逐年增加，“十三五”以来实施的 150 余个土壤和地下水相关科技专项中，污染场地绿色可持续修复理论方法、评估技术、修复材料、技术装备等方面均设置了专项资金。2023 年，污染场地绿色可持续修复评估体系与方法等最早一批绿色低碳环境修复相关重点研发计划专项通过中国 21 世纪议程管理中心验收。以绿色、低碳等为关键词的各类环境修复科研成果数量呈显著增长趋势，成为“十四五”期间环境修复科研和传播热点。理论方法方面，污染成因和环境修复机理研究取得一定成效，绿色低碳可持续修复评估方法与技术工具得到初步本土化；材料装备方面，围绕精准调查、原位修复、风险管控等策略进一步优化相关技术参数和装备集成，针对不同污染物类型和异味等二次污染防控研发多种绿色长效修复管控材料；应用示范方面，针对大型污染场地、棕地再生等领域探索土壤修复与景观生态相融合、治理修复与风险管控相协同等绿色低碳环境修复模式。总体来看，相关标准方法、功能材料、检测分析、技术装备、工程应用等研究成果不断积累，为我国绿色低碳环境修复科技创新奠定基础。

随着环境修复产业的蓬勃发展，绿色低碳环境修复相关专业人才队伍也逐渐从各个领域成长起来，覆盖高校、科研事业单位、咨询公司、修复企业、土地和环境管理部门、土地开发机构等各行各业。绿色低碳环境修复意识深入人心，2023 年全国各地召开环境修复相关大会 10 余次，全部包含绿色低碳专题。CNKI 中文论文以“绿色修复”“绿色可持续修复”“绿色低碳环境修复”为主题的年度被引频次从2002年的100余篇上升至2023年的1 851篇。特别是“十三五”以来，学术领域对绿色可持续修复和绿色低碳环境修复的关注度逐年增加。自2019年我国第一篇污染场地绿色可持续修复相关论文发表以来，截至2023年已累计发表10余篇相关领域论文，相关领域人才基础初步显现。

6.1.2 我国绿色低碳环境修复得到快速发展

“十三五”我国土壤污染防治处于打基础、建体系的阶段，土壤生态环境保护仍以污染防治、风险管控为主，绿色低碳环境修复主要停留在理念宣传、学术研究和借鉴国际经验阶段，国内本土化绿色低碳评估技术方法和典型案例研究刚刚起步，工程应用方面缺少具体示范和实践项目，相关工作尚未进入行业管理和产业发展的主流视野。

进入“十四五”，随着我国各领域绿色转型全面启动，碳达峰、碳中和纳入经济社会发展全局，相关行业推动绿色低碳发展政策纷纷落地，我国绿色低碳环境修复得到快速发展，基于自然的解决方案越加受到重视。关注要素从可持续指标，到绿色可持续，再到绿色低碳，绿色低碳环境修复重点逐步突出，相关工作稳步推进，在管理政策、产业规模、技术方法、科技研发、理念传播等方面均取得了较快进展。实施机制和运行模式方面，多地探索EOD模式，省级土壤污染防治基金初步发挥补充作用，有效激励和调动社会资本参与环境修复的积极性；规划引导和政策激励方面，政府强化对绿色低碳环境修复工程的引导，通过财政补贴、税收优惠、绿色信贷和碳交易等经济激励措施，促进绿色低碳环境修复技术的研发和应用，提高企业和公众参与的积极性；技术体系创新方面，风险管控和修复技术更加注重提升效率和低碳环保，努力减少修复过程中的能源消耗和二氧化碳排放，积极引入智能化、数字化应用技术。总体来看，随着我国生态文明建设发生历史性、转折性、全局性变化，生态环境修复工作积累了宝贵且丰富的理论和实践经验，生态环境保护实现了由重点整治到系统治理的重大转变，为我国新时期、新形势下绿色低碳环境修复融入国民经济各个领域、不断由点及面、由浅至深推进和发展提供了良好的成长环境。

面向“十五五”，我国生态环境保护工作进入全面高质量支撑美丽中国建设时期，协同推进降碳、减污、扩绿、增长的需求更加迫切，绿色低碳环境修复面临重大机遇期。随着相关工作向纵深迈进，未来绿色低碳环境修复目标将更加清晰，路径更加明确，领域更加拓宽；管控和修复系统性不断增强，数智化不断发展，协同性不断提升。

6.1.3 我国绿色低碳环境修复发展尚不平衡

相比国际进程，我国绿色低碳环境修复发展水平尚未成熟，各方面发展尚不均衡，全方位支撑美丽中国建设目标实现仍缺少突破点和硬抓手。

在环境修复产业发展的驱动力方面，我国主要是房地产开发驱动或政府主导的资金投入为主。例如，城镇建设用地土壤污染修复主要受到房地产开发需求和土壤污染防治资金驱动，矿区生态修复则以重点生态保护修复治理资金和矿产企业建立的矿山地质环境治理恢复基金为主。与发达国家的环境责任驱动、土地开发驱动、政府财政投入相平衡的产业发展模式有较大差距，多元综合的产业模式尚未形成。

在环境修复产业发展的资金量方面，我国环境修复的资金投入来源单一，规模偏小，各部门主管领域的环境修复工程规模和资金投入差别较大，不同地区随着社会经济发展差异所投入的修复资金量也极不均衡，土壤环境修复总产值不足全国 GDP 的万分之一，与西方国家环境修复社会总投资占 GDP 的比例存在数量级的差异。

在环境修复产业发展的监管力方面，我国还处于行政监管和政府投资为主、过程监管法规和标准不健全的初期阶段，相关科技支撑力度不足，技术标准体系尚不完善，部门之间协同治理水平和政策一致性有待进一步提升，环境监管治理能力与产业发展需求不匹配，与发达国家环境诉讼制度健全和环境经济调控政策手段多样相比仍有明显不足。

6.1.4 我国绿色低碳环境修复具有后发优势

《中共中央　国务院关于全面推进美丽中国建设的意见》中指出：“我国经济社会发展已进入加快绿色化、低碳化的高质量发展阶段，生态文明建设仍处于压力叠加、负重前行的关键期”。提出到 2027 年，绿色低碳发展深入推进；到 2035 年，广泛形成绿色生产生活方式。社会经济发展的新阶段必然要求环境修复进入绿色低碳时期。2023 年生态环境部发布《关于促进土壤污染风险管控和绿色低碳修复的指导意见》（环办土壤〔2023〕19 号），对于推动我国建设用地土壤污染绿色低碳环境修复具有标志性意义。自然资源部等部委联合公开征求《关于进一步加强绿色矿山建设的通知(征求意见稿)》意见，对于矿山绿色低碳转型提出进一步要求。进入“十四五”时期和“十五五”时期，国家高度重视绿色低碳发展，各项政策协同发力，各部门联动逐步加强，专业技术储备不断发展，科技研发能力厚积薄发，人才队伍持续壮大，资金渠道不断拓宽，绿色低碳理念日渐深入人心。在全面推进美丽中国建设大背景下，我国绿色低碳环境修复具有显著后发优势。

6.2 发展建议

6.2.1 法规政策建议

尽快出台绿色低碳环境修复配套政策文件，逐步建立完整、系统、全面的环境修复绿色低碳转型制度框架，是引领我国环境修复绿色低碳发展的方向标。积极健全绿色低碳环境修复管理政策，加强政策引领和先行示范。研究将绿色低碳环境修复元素纳入美丽中国建设目标评价指标体系中，推动中央专项资金申报项目开展风险管控和绿色低碳环境修复，逐步建立绿色低碳环境修复成效评估体系，完善绿色低碳环境修复激励机制。

6.2.2 工程实践建议

在调查评估、管控修复和效果评估全过程推动绿色低碳环境修复，鼓励开展绿色低碳环境修复工程实践，是保障绿色低碳环境修复切实有效的着力点。因地制宜开展风险管控，鼓励采用生物修复、原位修复等低能耗、轻扰动修复技术，推动建立基于自然的整体解决方案和生态景观价值提升模式。开展环境修复绿色低碳评估，提升绿色低碳工程设计水平。加强修复施工过程信息公开和绿色低碳环境修复典型案例宣传推广。强化施工全过程信息化、智慧化管理，建立公众参与和风险交流机制，提升修复工程绿色低碳管理能力。

6.2.3 技术标准建议

加快出台绿色低碳环境修复相关标准指南和技术规范，是不断强化绿色低碳环境修复技术支撑、保障相关工作健康规范实施的引路牌。从合理规划、调查评估、修复管控工程实施、后期管理等阶段制定实施细则，增强绿色低碳环境修复的实践指导。建立绿色低碳环境修复评价指标体系，编制相关工作指南，研发碳足迹评估和碳核算工具，构建本土数据库，增强绿色低碳环境修复评估的科学性和可行性，有效推动我国环境修复产业绿色低碳发展。

6.2.4 科技研发建议

推动环境修复领域科技创新向绿色低碳领域倾斜，加大相关科研产出和成果转化力度，是不断推动环境修复绿色低碳持续发展的原动力。借助政策引导和科研规划进一步激励和促进科技研发创新主体的原动力。鼓励聚焦环境修复关键问题，围绕美丽中国建设核心目标，加强面向大型污染场地、新污染物治理、多介质异味防控等问题导向和管理需求的科技研发立项。探索多种方式打通研发成果的产学研用的示范推广通道，鼓励和引导大数据技术等应用于修复行业。

6.2.5 产业发展建议

持续做大做强健康、稳定的环境修复产业，不断优化产业结构和资金模式，是推动产业发展绿色低碳转型的根本保障。抓住深入打好“净土保卫战”和美丽中国建设重大机遇，稳步扩大环境修复产业产值规模，增强行业间协同性、整体性、系统性。科学调配技术、资本、劳动力等生产要素在环境修复产业的合理分配，逐渐平衡环境修复产值合理比重。探索创新环境修复产业经济政策，逐步拓展环境修复产业资金渠道，强化政府资金对社会资本的杠杆作用，扩大修复产业资金来源。积极健全绿色低碳环境修复管理政策，创新发展绿色低碳环境修复技术模式，充分发挥科技创新第一生产力作用，不断推动环境修复产业高水平发展。

6.2.6 其他建议

探索多元资金模式是环境修复产业健康发展的重要保障。用好用实现有环境修复产业资金支持政策，不断深挖环境修复产业多元创新经济政策，根据修复类型和项目情况因地制宜、分类施策，优化修复成本效益，实现产业可持续发展。

加强典型模式总结和宣传推广是促进产业进步的重要途径。通过年度报告、绿色项目、网页宣传等形式加强绿色低碳环境修复典型工程项目的宣传引导，持续加强理念宣传、开展评估技术方法培训和修复装备材料等的推广应用。

附　件 ／ annex

附件 1　2023 年国际绿色低碳环境修复十大进展

2023 年国际绿色低碳环境修复十大进展问卷共收到 205 份有效回复，统计结果显示：参与人员年龄段集中在 31 ～ 40 岁和 41 ～ 50 岁，分别占 44.88% 和 21.95%；参与人员来源最多的 3 个地区为北京市、广东省、江苏省；参与人员学历为研究生及以上的占比 89.27%，大学本科占比 10.73%，无其他学历水平的人员参与；从事行业占比由高到低分别为研究机构（30.73%）、高等院校（26.34%）、其他（20.98%）、咨询公司（18.54%）、政府（1.95%）、业主（1.46%）。整体而言，国际绿色低碳环境修复进展认可度和同意率较高，所有进展事件的同意率均在 95% 以上，完全同意率在 75.61% 以上。所有参与人员一致同意的进展事项：棕地绿色低碳环境修复与重建激励计划（BRIP）于 2023 年 6 月启动。完全同意率最高的事项：关注应对气候变化对环境修复影响的技术导则（1.0 版）发布，完全同意率为 82.93%；其次：棕地绿色低碳环境修复与重建激励计划（BRIP）于 2023 年 6 月启动的完全同意率为 82.44%，排名第二。清华大学发布“天工计划”系列成果为后续增加项，有 2 人认为完全同意，不同意率为 0。

1. 第八届可持续修复国际会议（SustRem 2023）成功举办

2023 年来自世界各地的 650 多人参加了在澳大利亚墨尔本举行的第八届国际可持续修复会议（SustRem 2023），学习和分享受污染场地可持续修复经验。会议由澳大利亚土地与地下水协会（ALGA）和澳大利亚 / 新西兰 SuRF 协会（SuRF-ANZ）主办。120 多位演讲者受邀参会，会议引发了热烈的讨论和深入的学术思想交流。

2. 关注应对气候变化对环境修复影响的技术导则（1.0 版）发布

2023 年 10 月，美国新泽西州环境保护部门制定发布了第一部关注韧性修复的《绿色、可持续和弹性修复技术指南》（1.0 版）。该指南提出，“绿色和可持续修复已经成为一种有益的方法，可以作用于优化修复工程的各个阶段”。虽然此导则不是强制性的，但明确提出“正式鼓励”在清理污染场地时使用 GSR 实践，“以应对气候变化带来的威胁，减少温室气体排放，最大限度地减少对环境公平和负担过重的社区团体的影响，并在不削弱当前或未来修复计划的情况下，更迅速、更有效地完成清理过程”。

3. 棕地绿色低碳环境修复与重建激励计划（BRIP）于2023 年 6 月启动

这项价值 3 亿美元的竞争性资助计划为每个计划使用绿色低碳环境修复措施的项目提供高达 800 万美元的税收抵免，用于环境调查、补救、减排和拆除活动，以允许新泽西州棕地的重新开发。项目旨在支持修复成本，并激励再开发项目的开发商在全州棕地开展清理活动，将旧的、空置的或未充分利用的受污染财产转化为当地社区资产。计划申请资金支持的棕地修复开发项目必须达到绿色低碳环境修复和绿色建筑的标准要求。根据《2020 年新泽西州经济复苏法案》（ERA），BRIP 将根据其位置，为符合评审条件的棕地提供高达 60% 的修复成本的一次性奖励，最高可达 800 万美元。如果适用的话，该计划将与新泽西州经济发展局（NJEDA）的其他激励措施相结合，包括 Aspire 税收抵免计划。2023 年 6 月，政府相关部门举办了一个网络研讨会，概述了 BRIP 的细节和申请过程。感兴趣的各方，包括开发商、投资者、房地产专业人士、律师、环境专业人士和经济发展团队。

4. 第四届棕地再生与生态修复国际会议在中国美术学院成功举办

2023 年 12 月 1—3 日，第四届棕地再生与生态修复国际会议在杭州中国美术学院成功举办。本次大会以“展望：棕地 2035”（Looking Forward：Brownfields 2035）为主题，包括大会论坛、教学研讨、青年论坛与棕地考察 4 个环节。会议的联合主办单位包括清华大学建筑学院棕地研究中心、中国美术学院建筑艺术学院、生态环境部环境规划院，承办单位是中国美术学院建筑艺术学院风景园林系。会议得到了教育部高等学校风景园林专业教学指导分委员会、中国风景园林学会（CHSLA）和国际风景园林师联合会（IFLA）的支持与指导，并获得《中国园林》《风景园林》《园林》《景观设计学》

等媒体的特别支持。会议着眼于全球视野、理论前沿与实践经验，邀请了国内外专家学者分享先进的棕地治理与再开发进展，推进多学科理论思想与技术方法的碰撞探讨，切实为探索契合我国生态文明建设战略的棕地再生途径提供借鉴与指导。本次会议共200余人线下参会，会议相关推送阅读量近1.5万次，受到了各界的广泛关注，学术界反响热烈。

5. 布朗菲尔德奖（ALGA 行业卓越奖）——可持续修复项目 2023 年获奖名单发布

布朗菲尔德奖授予通过使用创新技术、可持续发展意识、与利益相关者的接触和最佳实践所取得的卓越成就。交流、合作和伙伴关系是2023年布朗菲尔德奖的关键主题，大多数获奖者都有显著的可持续性因素和碳减排成就。2023年共授予12个申报团队奖项，分别是：最佳修复项目筹备工作奖，布朗菲尔德领域科学、技术或数字创新领域的最佳研究或应用奖，最佳公众参与棕地活动奖，最佳修复技术应用奖，最佳可持续再利用材料奖，最佳可持续棕地 / 城市更新 / 基础设施计划奖，最佳公共部门 / 非营利棕地项目奖，最佳棕地项目生物多样性提升奖，最佳海外项目奖，最佳早期职业生涯布朗菲尔德专业奖，年度最佳技术领导奖，评委选择奖。

最佳修复项目筹备工作奖得主坎贝尔·瑞思克服了让居民放心的困难挑战，以一种敏感的方式应用了空气监测技术，沟通在其中发挥了重要作用。评委选择奖的得主是第一份关于气候变化对土地污染影响的风险评估行业指导文件《未来气候变化条件下英国土地污染对受控水域风险评估指南》。棕地风险评估协会（Society of Brownfield Risk Assessment）关于如何将预测的气候变化影响纳入受控水域的工作，将确保土地不会因未来气候而过度或不足修复改变对概念模型的影响，这将具有经济和可持续的效益。最佳公众参与棕地活动奖得主Deetu展示了双向沟通的价值，以及良好的互动如何改变总体规划。他还展示了“旧”媒体和新媒体如何通过音频、视频、无人机镜头、邮件投递、面对面会议和令人惊讶的术语终结者的组合有效地合作。参加全氟和多氟烷基物质（PFAS）修复的参赛作品今年呈上升趋势，Mott MacDonald与REGENESIS合作获得了最佳修复技术应用奖，在私人机场的白垩含水层中提供可持续的原位解决方案。这是英国首次采用全尺寸渗透性反应屏障来成功修复受PFAS影响的场地，并且被认为是英国首次使用无源通量计。Vertase FLI Ltd.、Arup、Vinci Construction UK Ltd.和利物浦市议会获得了最佳可持续利用材料奖，他们在现场实现了75%～90%的挖掘材料再利用，并增加了至少20%的体积密度。该项目具有显著的可持续性效益，从使用当地就业和材料到显著的碳减排。可持续性和碳减排主要体现在最佳可持续棕地/城市更新/基础设施计划奖和最佳公共部门/非营利棕地奖的获奖者中，北伦敦废物管理局赢得了这两个奖项，他们的参赛作品涉及英国第一次浇注超低碳混凝土，应用了一种创新的打桩技术，并提供了重要的培训、就业和社区效益。Sanctus抓住了时代精神，赢得了布朗菲尔德项目的最佳棕地项目生物多样性提升奖，该项目涉及亟须改善河流质量的项目。它的恢复和修复计划通过隔离大量的碳来帮助应对气候变化，增加物种多样性并为居民提供社会价值。Ogreen / Geo2修复项目获得最佳海外项目奖，是输出专业知识、真正改善环境以及克服文化和后勤挑战的一个很好的例子。秘鲁亚马孙地区线性原油泄漏的修复工作在整个工作过程中涉及与当地部落的联系，提供就业机会和全面的社区参与，所有材料都来自当地。

6. 2023 AquaConSoil会议在布拉格成功举办

本届会议明确提出，可持续修复是管理受污染土壤、水和沉积物系统的关键方法。这种方法的重点是尽量减少补救活动的碳足迹，同时促进受污染资源的回收和再利用。可持续补救涉及使用对环境影响较小的具有成本效益的创新技术，例如，不需要挖掘或使用化学品的就地补救技术。此外，可持续修复涉及防止新的污染物的出现，以促进零污染。新出现的污染物，如药品、微塑料和PFAS正日益成为土壤和水质的威胁。为了防止这些污染物的出现，有必要在农业、工业和医疗保健等各个部门促进可持续的做法。这包括减少有害化学品的使用，促进可持续的废物管理做法，并促进使用替代的、生态友好的技术。总体来说，实现零污染的可持续补救和预防对于为今世后代促进更清洁和更健康的环境至关重要。

7. 美国国家环境保护局发布《2023年棕地联邦项目指南》

EPA鼓励利益相关者广泛考虑棕地的清理和再利用，并利用各种技术和财政援助的机会。通常情况下，社区必须使用联邦、州或基金会的拨款，并获得额外的财政支持来完成清理和重建项目。利用这些政策和资金对于成功棕地开发通常是必不可少的，EPA 在 2023 年的技术导则中明确要求棕地修复开发项目要鼓励创新技术、绿色修复技术、拆除材料的回收、太阳能电池板和其他可再生能源系统的安装、健全水或雨水管理系统、降低修复环境影响开发、具备 LEED 认证和其他相关活动的技能。《2023 年棕地联邦项目指南》提供了 22 个联邦项目和 5 项联邦税收优惠政策支持棕地的清理和振兴。这项资助涵盖了棕地重建全过程各个阶段，包括规划、评估、清理（修复）、重建阶段。其中包括温室气体减排基金 270 亿美元，用于调动融资和私人资本，应对气候危机，促进绿色经济发展。环境和气候公正赠款：为环境和气候公平活动提供 28 亿美元的财政和技术援助，使服务不足和负担过重的社区受益。美国林务局城市和社区林业补助金：15 亿美元用于部署城市森林、植树和用于雨水管理的绿色基础设施，2.5 亿美元用于支持社区林业计划、项目和倡议。交通运输部社区准入和公平拨款项目：32 亿美元用于规划或建设基本项目，改善社区的步行性、安全性和负担得起的交通渠道；清理现有的环境危害，防止交通项目在弱势社区造成新的环境危害；拆除、改造或减轻对社区凝聚力造成障碍的高速公路或其他交通设施；并为处境不利和服务不足的社区提供规划和能力建设支持。能源部能源基础设施再投资贷款计划：提供 50 亿美元的信贷补贴拨款和高达 2 500 亿美元的贷款担保，用于资助对已停止运营的能源基础设施进行改造、重新发电、重新利用或更换，或使正在运营的能源基础设施能够避免、减少、利用或封存空气污染物或温室气体排放的项目。

8.2023 年 BATTELLE 生物修复研讨会在得克萨斯州奥斯汀举办

生物修复研讨会的技术方案是为来自世界各地的科学家、工程师、监管机构、修复场地所有者、建筑商和其他代表大学、政府机构、顾问、研发和服务公司的环境专业人士设计和展示的。来自超过 15 个国家的 700 多名专业人士出席。本次会议介绍了众多的知识体系，即利用最新的科学数据收集、分析和可视化，以及在补救设计和实施方面的新方法，更好地管理污染。本次会议和小组讨论，重点关注新兴污染物、PFAS 的表征和管理、减缓气候变化的战略、新兴污染物的动态监管框架、经典生物修复技术、自然衰减和可持续性工具以及环境空间中使用的机器人技术。

9. 英国发布《未来气候变化条件下英国土地污染对受控水域风险评估指南》

《未来气候变化条件下英国土地污染对受控水域风险评估指南》（以下简称《指南》）是第一个积极考虑如何将预测的气候变化影响纳入受控水域风险评估的国家行业指南，以确保它们保持可持续和稳健。《指南》包括：简要概述监管背景；英国气候变化概况；如何将气候变化的影响纳入水文地质概念模型（CSM）；通过土地污染风险评估（PRA、GQRA 和 DQRA）的各个阶段应对气候变化，包括案例研究；指向有用数据源的路标。将未来气候变化的预测影响纳入定性和定量风险评估的必要性已经得到社会认可，但在实践中很少得到实施。这一需求在“管理和减少土地污染：指导原则（GPLC2）”以及英格兰和威尔士以及 LCRM 的国家规划政策框架（NPPF）中得到了阐述。苏格兰的国家规划框架也将包括在土地污染风险评估中考虑气候变化的必要性。在发布的文件中要求考虑和识别场地概念模型中可能影响污染物或产生新的暴露途径的“可预见事件”，例如，洪水、地下水或海水水位上升以及极端天气，这些都与气候变化密切相关。由于缺乏相关技术指南，导致以各种方式将气候变化影响纳入 CWRA，或者更常见的是，完全忽略气候变化的影响。

10. 清华大学棕地团队获第九届深港城市 / 建筑双城双年展（深圳）“公众奖”

2023 年 3 月 26 日，第九届深港城市 / 建筑双城双年展（深圳）圆满落幕。组委会在闭幕式上颁发了九大奖项，清华大学建筑学院景观学系郑晓笛副教授参展作品《棕→绿：不只是颜色变革》荣获公众奖。《棕→绿：不只是颜色变革》展览单元通过“现象”“本体”“未来”3 个板块依次展现：我国的棕地现状及资源衰退型城市的棕地群现象；基于风景园林视角、以“棕色土方”为核心要素的棕地新本体论；基于自然的植物修复解决方案及棕地再生带来的“绿色”未来聚居方案。展览内容以清华大学建筑学院棕地研究中心近 10 年来的研究实践为基础，融合图文、视频、模型、装置、地形、种植、种子盲盒等多种形式，在棕地上讲述棕地故事——作为展场的原金威啤酒厂正是承载着辉煌记忆、经历着再生探索的工业类棕地。作品装置与地形中的土壤，回收利用自展场施工过程中的废弃渣土；种植的植物包含多种具有污染修复功能的种类，信息在修复小径的植物展盒中呈现，修复植物的种子可以在种子盲盒处扫码领取，希望棕地绿色再生理念与种子一起得到传播与培育。本届双年展吸引了来自 15 个国家 318 位参展人的 239 组参展作品，共同探讨碳达峰、碳中和背景下的城市应对策略和愿景行动。“公众奖”由展览现场观众投票选出，共 6 项展品以最高票数获奖。《棕→绿：不只是颜色变革》生动形象地向公众讲述了中国棕地故事，并通过种子盲盒、植物移栽等多样的活动形式传播绿色可持续的棕地再生理念，成为本届双年展最受观众喜爱的展品之一。

11. 清华大学发布“天工计划”系列成果

“天工计划”是由清华大学、中国科学院城市环境研究所、复旦大学和南昌大学牵头，联合国内外 30 所高校和科研机构共同发起组织的国际科学计划。2023 年，由清华大学代表“天工计划”所有参与团队，正式发布“天工计划”数据成果——“天工 LCA 数据库”。该数据库由 150 余个行业专家联合构建，以开放、共享、透明、可信为基本原则，以符合国际通行标准的方法，汇聚了涵盖我国 55 个行业和 4 000 多组单元过程的 70 000 多条数据。旨在基于先进的人工智能技术构建智能化、标准化、开放透明的生命周期评价体系，为服务我国乃至全球构建产品碳足迹管理体系、应对气候变化和实现可持续发展提供新一代方法、技术、工具和数据基础。同时，清华大学环境学院环境数据科学与系统工程团队发布了一系列基于大语言模型的环境与可持续发展领域人工智能应用套件“天工 AI”，包括“天工 Paper”“天工 Chat”“天工 ChatGPT Plugin”“天工 Agent”等，有效地帮助科研人员提高科研效率，为环境科学提供了强大的研究工具。并在更多产业情景中探索落地应用，包括污水处理厂 AI 运营助手、面向 CBAM 咨询的智能化工具，ESG 报告的信息披露合规性智能分析等，推动形成环境生态可持续领域研究和实践的全新范式。

2023 年国际绿色低碳环境修复十大进展问卷投票结果

附件2　2023年国内绿色低碳环境修复十大进展

2023年国内绿色低碳环境修复十大进展问卷共收到259份有效回复，与国际绿色低碳环境修复进展相似，11项进展事件的整体认可度和同意率较高，所有进展事件的同意率均在95%以上，完全同意率占75.29%以上。其中，完全同意率最高的为第1项“中共中央、国务院发布《关于全面推进美丽中国建设的意见》”，完全同意率高达92.28%，其次为第3项“生态环境部牵头印发《减污降碳协同增效实施方案》”，完全同意率为89.58%，完全同意率排名第3位的为第2项“国务院发布《新时代的中国绿色发展》白皮书”，为88.8%。具体统计数据见文后图。

1. 中共中央、国务院发布《关于全面推进美丽中国建设的意见》

《关于全面推进美丽中国建设的意见》的发布，标志着我国生态文明建设进入了一个新的发展阶段，这一重要文件的出台对于推动我国环境保护和可持续发展具有深远的意义。该意见对加快发展方式的绿色转型、持续深入推进污染防治攻坚战、提升生态系统的多样性、稳定性和持续性等方面提出了明确的任务和要求。这不仅指明了美丽中国建设的具体路径和目标，也为我国环境保护和生态修复工作提供了行动指南，有助于解决长期以来环境污染严重、生态系统退化等问题，实现人与自然和谐共生。

2. 国务院发布《新时代的中国绿色发展》白皮书

《新时代的中国绿色发展》白皮书，是在全球环境治理和可持续发展议题日益成为国际关注焦点的背景下，中国政府对外发布的一份重要文件。白皮书系统总结了中国在新时代推进绿色发展的理念、实践和显著成效，展示了中国在节能减排、污染防治、生态保护、绿色经济以及全球环境治理等方面的进展和成就。

3. 生态环境部牵头印发《减污降碳协同增效实施方案》

生态环境部牵头印发的《减污降碳协同增效实施方案》是我国环境治理中的一项重要举措。该方案通过统筹大气、水、土壤、固体废物与温室气体等多领域的减排要求，实现了减污降碳目标的有机衔接，通过资源整合和政策联动，提升治理效率和效果，该方案提出到2025年，旨在形成减污降碳协同推进的工作格局，取得结构优化调整和绿色低碳发展的明显成效；到2030年，进一步提升协同能力，实现大气、水、土壤和固体废物等污染防治领域的显著改善。

4. 生态环境部发布《关于促进土壤污染风险管控和绿色低碳修复的指导意见》

《关于促进土壤污染风险管控和绿色低碳修复的指导意见》的发布，是我国土壤污染治理工作的重要里程碑，是首个关于绿色低碳环境修复的政策文件，对于促进我国土壤环境质量改善、推动绿色低碳发展具有重要而深远的意义。

5. 城市绿心森林公园获得“绿色可持续风险管控典型案例”世界绿色设计大奖

2023年10月，绿色设计与绿色制造（柏林）国际论坛暨绿色转型与气候变化对话会在德国柏林举行，本届主题为“绿色设计，绿色世界”，论坛发布了2023年世界绿色设计组织绿色设计国际大奖、绿色设计国际贡献奖，表彰了21个不同行业中通过绿色设计和绿色制造理念与手段，在推动绿色转型和绿色技术应用方面作出杰出贡献和积极投身绿色设计事业的各界人士、机构。其中，北京市城市副中心投资建设集团有限公司、中国生态环境部环境规划院建设的城市绿心森林公园成果荣获2023绿色设计国际大奖。

本项目创新构建了面向大型复杂污染场地绿色修复和可持续风险管控“绿色修复－监控预警－污染防控－弹性管控－价值提升”的关键技术体系，实现了棕地与景观价值融合提升。

6. 第三届全国土壤修复大会在南京召开

第三届全国土壤修复大会暨第六届土壤污染与修复国际会议于2023年11月5—8日在江苏南京召开，会议以“绿色低碳环境修复、净土洁食居安”

为主题，不仅聚焦当前土壤修复领域的热点问题和挑战，展示了我国在土壤污染防治和生态修复方面的最新科研成果和技术进展，通过分享国内外先进的研究成果和实践经验，促进了学术交流和技术创新，为我国土壤环境管理和可持续发展战略的实施提供了强有力的支撑。

7. 国内绿色低碳环境修复与风险管控行业标准陆续启动

由山东省生态环境厅组织的《建设用地土壤污染修复绿色低碳评价技术指南》和《山东省土壤污染修复工程二次污染防控技术规范》2 项标准相继立项，上述标准是我国首个关于污染场地绿色低碳环境修复的地方标准，并且对推动土壤污染治理领域的绿色低碳发展具有深远意义；中华环保联合会决定对《绿色低碳环境修复工程评价技术指南》《污染地块修复全过程档案管理技术指南》等 10 余项团体标准予以立项，这一系列团体标准的制定和实施，将为环境修复工程提供全面、系统的技术规范和管理指导，在推进绿色低碳技术的应用和优化污染地块修复过程中起关键作用。

8. 国内首次发布《中国绿色低碳环境修复发展报告》

该报告为我国绿色低碳环境修复行业的发展状况和趋势提供了权威的数据和分析，为政策制定者、企业、研究机构以及公众提供了宝贵的信息资源。通过系统梳理和评估绿色低碳环境修复技术的应用成效、面临的挑战和未来发展机遇，有助于加深行业从业人员对该领域发展现状的理解。还有助于提升公众对绿色低碳环境修复的积极性和参与度，加快环境修复行业向更高水平发展。

9. 国内首个绿色低碳环境修复领域国家重点研发计划项目验收

《污染场地绿色可持续修复评估体系与方法》是我国首个关于绿色可持续修复的重点研发计划，该项目团队由生态环境部环境规划院牵头，清华大学、南方科技大学等 10 所高校、科研院所以及企业组织，该项目共完成中国场地绿色可持续修复管理框架、发展战略、评价指标体系各 1 套；编制绿色可持续修复管理技术文件 7 套；开发绿色可持续修复评估与决策支持软件

2套；完成典型污染场地绿色可持续修复评估案例报告14套，典型污染场地修复工程示范案例报告6套、相关国家发明专利或软著10项以上，论文30篇、构建典型污染场地绿色可持续修复关键装备3套、研发基于生物炭等绿色可持续修复材料6种。该项目于2023年顺利验收，标志着我国污染场地绿色可持续修复的研究工作正式迈入新阶段。

10. 清华大学系统分析全球绿色可持续修复研究进展与挑战

土壤与地下水污染防治是当前生态环境保护面临的国家重大需求。清华大学环境学院侯德义教授团队在多年研究的基础上，系统总结了工业污染场地（棕地）土壤与地下水修复治理与再开发面临的挑战，构建了系统分析修复全生命周期环境、经济、社会复杂影响的评估框架，提出了4种可持续修复技术和2种修复与再开发耦合策略的优化路径，为绿色可持续修复研究的未来发展提供了方案。

11.《土壤和地下水修复——原理、实践和可持续性》出版发行

本书是我国首本针对土壤和地下水绿色可持续修复的专业教材，填补了国内在土壤和地下水修复领域教育资源的空白。该书对于我国指导修复实践具有重要价值。通过介绍土壤和地下水修复的基本原理、技术方法以及可持续性策略，为从业技术人员、决策者和环境管理者提供了理论指导和实践参考，特别是在推动绿色发展、建设美丽中国的背景下，该书所提倡的绿色可持续修复理念，对于促进环境质量改善和生态环境保护具有积极作用。

12. 山东省生态环境厅、山东省自然资源厅联合印发《关于深化建设用地土壤环境管理服务高质量发展的意见》（鲁环发［2023］20号）

该意见是我国地方政府深化土壤环境管理，推动建设用地安全利用提质增效的有益探索，对深入打好净土保卫战具有重要意义。该意见对农用地转“一住两公”、遗留建（构）筑物的地块调查进行流程简化，并对拆分地块适用阶段及要求进行优化和创新，同时利用山东省土壤环境管理信息服务平台等信息化平台工具，实现报告提交、评审申请、审批、查询、报备等“一网通办”。（此项未进行2023年国内绿色低碳环境修复十大进展问卷投票统计）

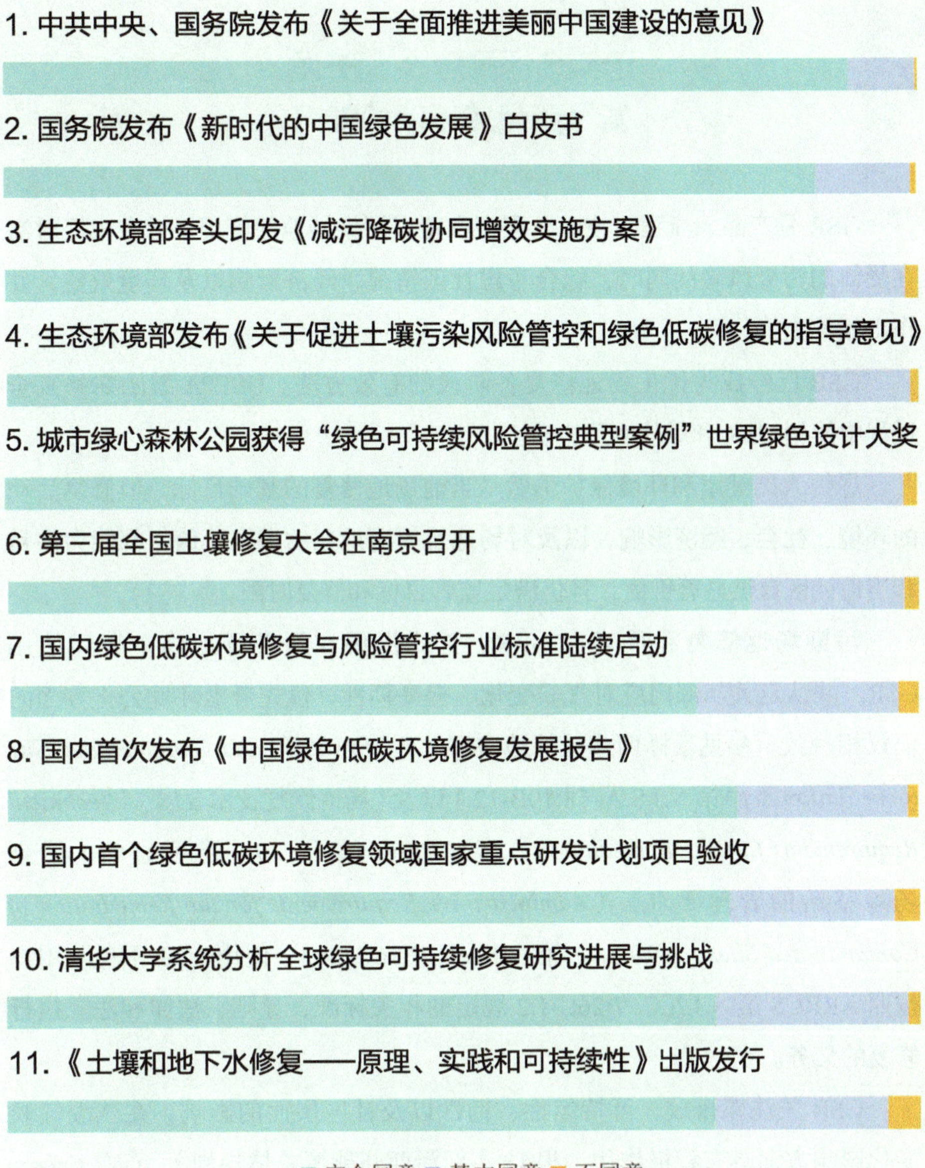

2023 年国内绿色低碳环境修复十大进展问卷投票结果

附件 3　绿色、可持续和弹性修复的行政导则

污染场地修复 & 再开发
新泽西州环境保护部门

GSR 是产品、流程、技术、程序在特定污染场地的应用，旨在减轻对潜在受体的污染风险的同时，综合考虑社区情况、经济影响以及环境效益，并作出相关决策。

GSR 已经成为优化场地修复各阶段的有效方法。USEPA 鼓励在修复全过程中使用 GSR 和最佳实践方法。

尽管人类健康和环境保护仍然是当前场地修复的基础目标，但修复活动的环境、社会、经济影响，以及对场地及周边地区的潜在价值，都能为项目和当地社区提供显著价值，且仍满足监管目标和修复时限。

污染场地修复和重建（CSRR）正式提倡在污染场地修复期间使用 GSR，并认定其与部门应对气候变化、提高韧性、优先考虑环境公正方面的倡议相一致。参见新泽西州《棕地法案》（*Brownfield and Contaminated Site Remediation Act*）第 N.J.S.A. 58:10B-12.1 以及《场地修复技术要求》（*Technical Requirements for Site Remediation*）第 N.J.A.C. 7:26E-1.9。还可参阅《污染场地整治的管理要求》（*Administrative Requirements for the Remediation of Contaminated Sites*，ARRCS）第 N.J.A.C. 7:26C-14.3。使用 GSR 不免除用户按照 ARRCS 第 N.J.A.C. 7:26C-1.2 规定的相关标准、导则、法律和法规执行修复的义务。

GSR 关注碳排放、可持续性、韧性以及社区层面的影响，在减缓气候变化影响方面具有积极作用。根据《新泽西州能源总体规划》（*NJ Energy Master Plan*）、《新泽西州应对气候威胁倡议》（*NJ Protecting Against Climate Threats*（*NJ PACT*）*initiative*），修复相关责任人应以减少化石燃料排放为目的，考虑使用可行的绿色可持续修复准则和政策，通过减少温室气体排放，最大限度地减少修复活动对公共健康、安全和环境的影响。

纳入 GSR 的目的是应对气候变化造成的威胁，减少温室气体排放，尽量减少对环境公正较难和经济负担较重社区的影响，并在保持原有或规划修复方案的情况下，更迅速、高效地完成修复活动。相关负责人还应考虑当前和未来海平面上升，频发强风暴导致洪水和风害的增加、总体降水量减少，温度上升导致野火的影响。这些威胁可能对污染场地产生负面影响，引起污染物迁移。

如果场地位于经济负担过重的社区，相关负责人应深入了解当前的环境压力来源，考虑与当地利益相关者合作，协助解决环境公正问题。韧性是 GSR 的重点之一，应结合现有 GSR 准则和政策予以考虑。总体而言，GSR 考虑修复实施过程中的整体环境效应，并纳入最小化修复环境足迹的考虑。

GSR 术语

以下 GSR 术语来源于 CSRR 协议，由 EPA 开发的绿色修复协议与管理工具（Greener Cleanups Contracting & Administration Toolkit）提供基本信息，并通过 CSRR 财务支持与协议管理部门、棕地与社区振兴办公室之间的合作进行进一步开发。

绿色修复：CSRR 提倡在修复的各阶段中关注修复活动环境影响的策略，实现净环境效益最大化。例如，减少能源和水的使用，推动碳中和，促进工业材料的再利用和回收，以及保护和保留土地资源。

可再生能源：依据 CSRR 执行的施工相关的协议，持牌场地修复专业人士（Licensed Site Remediation Professional，LSRP）/ 承包商应充分利用所有合理可行的可再生能源，包括太阳能、风能、生物质能和沼气。在评估可再生能源和技术时，LSRP/ 承包商应进行成本分析，对比使用可再生能源和传统能源在修复施工方面的能源成本。此外，CSRR 还鼓励 LSRP/ 承包商评估绿电购买成本。购买绿电可作为使用可再生能源的途径之一。

韧性措施：CSRR 提倡 LSRP/ 承包商将气候变化脆弱性评估和适应性措施纳入修复过程，以确保修复对气候变化影响的韧性。

极端高温韧性：CSRR 提倡城市地区棕地再开发为城市绿地，以缓解城市热岛效应。CSRR 还提倡在城市棕地再开发项目中采用城市降温策略，如绿色开放空间、绿色基础设施和城市树冠发展。这样的方法可以通过城市绿色空间中的林木生长吸收碳，提高经济负担过重社区对城市公园的可达性，并通过降低高温和减少洪水，以此来改善公共健康。

棕地重建：CSRR 鼓励将重建纳入空置和未充分利用的污染场地的整体修复过程中。将场地重建纳入整体整治计划，可减少整体整治计划的能源消耗、碳排放、用水量等。此外，与传统的“绿地”开发相比，棕地再开发带来了显著的当地、区域和全球气候效益，因为棕地再开发降低了人均碳足迹，减少了雨水径流和洪水，改善了空气质量，还可以通过创造开放空间、现场减少雨水径流、增加树冠和其他污染场地再开发的本地效益，为经济负担过重的社区增加环境效益。CSRR 正在为新泽西州经济发展局（EDA）的棕地重建激励计划提供技术援助，该计划是根据 2020 年新泽西州经济复苏法案（ERA）建立的一项 3 亿美元的税收抵免计划，该法案要求在申请批准后提交特定项目的绿色修复计划。

清洁柴油：鼓励 LSRP/ 承包商使用最清洁的施工设备。鼓励 LSRP/ 承包商至少将柴油设备改装为排放可控制技术，确保适当的维护力度，并尽量减少所有非道路设备和柴油发动机、发电机的空转。所有没有安装售后排放控制装置的柴油施工设备和发电机都应符合 EPA 的 4 级清洁柴油标准。有许多混合动力或全电动非道路设备可供选择。新泽西州环境保护部门的移动资源局为这些设备提供资金。

减少空转：根据《场地修复技术要求》第 N.J.A.C. 7:27-14 和第 N.J.A.C. 7:27-15 的规定，所有在施工现场运行或访问施工现场的道路车辆和非道路施工设备应遵守 3 分钟空转限制。LSRP/ 承建商应考虑购买“禁止空转”标志，张贴在工地，提醒作业者遵守空转限制。

参考文献

[1] ITRC. 2011. Green and Sustainable Remediation: A Practical Framework.GSR-2. Washington, D.C.: Interstate Technology & Regulatory Council, Green and Sustainable Remediation Team. www.itrcweb.org.

[2] NJEDA. 2023. Green Remediation Requirements NJEDA Brownfields Redevelopment Incentive Program (BRIP): Guidance Document for BRIP Program Participants 2023.

[3] https://www.njeda.gov/wp-content/uploads/2023/02/Green-Redevelopment-for-BRIP-02-03-2023.pdf.

[4] EPA. 2016. Consideration of Greener Cleanup Activities in the Superfund Cleanup Process. Washington, D.C.: Woolford, J., Bertrand, C., Mackey, C., Albores, R.

[5] https://semspub.epa.gov/work/HQ/100000160.pdf.

[6] EPA. 2015. Greener Cleanups Contracting and Administration Toolkit. Washington, D.C.: Office of Land and Emergency Management, Office of Superfund Remediation and Technology Innovation.

[7] EPA. 2023. Brownfield Program Environmental and Economic Benefits. Washington, D.C.: EPA website last updated February 22, 2023.

[8] University of Wisconsin Whitewater (in preparation). The Economic Impact of the New Jersey Department of Environmental Protection’s HDSRF Grant Program.

《中国绿色低碳环境修复发展报告（2023年）》
英文简版